施工工艺标准手册系列

土建工程施工工艺标准

GY-2-2018

中建三局第一建设工程有限责任公司

中国建筑工业出版社

图书在版编目(CIP)数据

土建工程施工工艺标准 GY-2-2018/中建三局第一建设工程有限责任公司. —北京：中国建筑工业出版社，2018.6（2022.3重印）
（施工工艺标准手册系列）
ISBN 978-7-112-22176-9

Ⅰ.①土… Ⅱ.①中… Ⅲ.①土木工程-工程施工-标准-技术手册 Ⅳ.①TU7-65

中国版本图书馆 CIP 数据核字(2018)第 091113 号

责任编辑：范业庶　张　磊
责任校对：党　蕾

施工工艺标准手册系列
土建工程施工工艺标准 GY-2-2018
中建三局第一建设工程有限责任公司

*

中国建筑工业出版社出版、发行（北京海淀三里河路 9 号）
各地新华书店、建筑书店经销
北京科地亚盟排版公司制版
北京建筑工业印刷厂印刷

*

开本：787×1092 毫米　1/16　印张：19½　字数：482 千字
2018 年 7 月第一版　　2022 年 3 月第四次印刷
定价：**94.00** 元
ISBN 978-7-112-22176-9
（32018）

发 布 令

    为规范中建三局第一建设工程有限责任公司承建的各类工程的施工工艺，提升公司技术水平，保证工程质量，公司根据国家有关法规、标准和规程，结合公司实际情况编制形成《中建三局第一建设工程有限责任公司施工工艺标准手册》（简称"施工工艺标准手册"）。

    "施工工艺标准手册"总结提炼了公司的成熟经验成果，将公司的先进工艺标准化、规范化，将局部的经验积累上升为公司施工工艺管理的强制性规定，以提高生产率和专业管理人员的业务素质，是支撑公司实现"精益建造"、"均质化履约"战略的重要举措。

    "施工工艺标准手册"经公司科技专家委专家审查通过，现予以发布，自2018年1月1日起执行。公司所有工程施工工艺均应严格执行本"施工工艺标准手册"。

中建三局第一建设工程有限责任公司

董 事 长：
党委书记：

2018年1月1日

《施工工艺标准手册系列》
编　委　会

序

我国自 2002 年 3 月 1 日起进行施工技术标准化改革，出台了《建筑工程质量验收统一标准》和 13 项分项工程质量验收规范，实行建筑法规与技术标准相结合的体制，我国标准化事业得到快速发展。随着社会主义市场经济不断发展，标准体系和标准化管理体制不能满足市场在资源配置中起决定性作用和更好发挥政府作用的要求。2015 年，国务院印发《深化标准化工作改革方案》（国发〔2015〕13 号），推进标准体系改革，明确提出要放开搞活企业标准，企业根据需要自主制定、实施企业标准。鼓励企业制定高于国家标准、行业标准、地方标准，具有竞争力的企业标准。建立企业产品和服务标准自我声明公开和监督制度，逐步取消政府对企业产品标准的备案管理，落实企业标准化主体责任。

习近平在致第 39 届国际标准化组织大会的贺信中指出，中国将积极实施标准化战略，以标准助力创新发展、协调发展、绿色发展、开放发展、共享发展。

管理水平和技术优势是关系一个企业发展的关键因素，而企业技术标准在提升管理水平和技术优势的过程中起着相当重要的作用，它是保证工程质量和安全的工具，实现科学管理的保证，促进技术进步的载体，提高企业经济效益和社会效益的手段。在发达国家，企业技术标准一直作为衡量企业技术水平和管理水平的重要指标。

中建三局第一建设工程有限责任公司（以下简称中建三局一公司）作为中建集团内首家拥有全行业覆盖的"三特三甲"资质的三级法人单位，长期以来一直非常重视企业技术标准的建设，将其作为企业生存和发展的重要基础工作和科技创新的重点之一。经过多年努力，取得了可喜的成绩，形成了一大批企业技术标准，促进了企业生产的科学化、标准化、规范化。企业技术标准已成为公司独特的核心竞争力。

随着我国市场经济体制的不断完善，企业技术标准体系在市场竞争中将会发挥越来越重要的作用。面对建筑业竞争日趋激烈的市场环境，我们顺应全球经济、技术一体化的发展趋势，响应国家标准化改革号召，建立了公司自己的技术标准体系，加速推进企业的技术标准建设。通过技术标准建设，使企业实现"精益建造"、"均质化履约"，提升公司管理水平，保障企业取得跨越式发展，为我们"全面争当中建集团三级单位优秀排头兵"的奋斗目标提供良好的技术支撑。

《施工工艺标准手册》是公司技术系统集合公司全体职工实践经验，本着对企业、对行业负责的态度，精心编制而成的。在此，我谨代表公司对这些执着奉献的科技工作者，致以诚挚的谢意。

该标准是中建三局一公司的一笔宝贵财富，希望通过该标准的出版，能促进我国建筑行业技术标准的建设和发展。

中建三局第一建设工程有限责任公司

执行总经理：

丛 书 前 言

《施工工艺标准手册》是公司施工活动的重要依据和实施标准，施工工艺管理的强制性规定，保障产品质量、安全的重要依据，规范建造过程的有效手段，增强企业的市场竞争力的重要途径。公司历来十分注重企业技术标准的建设，将企业技术标准作为关系企业发展的重要基础工作来抓。为满足"精益建造""均质化履约"战略发展的需要，响应国家标准化改革导向，公司于2016年启动本《施工工艺标准手册》编制工作，以期提升公司履约水平与市场竞争力。

此次出版的系列《施工工艺标准手册》是我们所编制的众多企业技术标准中应用最为普遍的一类标准。由公司技术部、技术中心统一策划组织，各区域公司、专业公司多家单位参与了编制工作，是公司多年宝贵经验的整合、总结和升华，体现了公司特色和技术优势。在标准编制中，在结构上参考了中国建筑集团有限公司施工工艺标准，在内容上主要针对容易出现的质量通病环节，着重从施工工序、工艺、施工质量控制的角度，对施工过程中的控制要点采用规范化的图片结合文字进行阐述，旨在更有效地消除质量通病，提高施工管理水平，实现公司施工工艺标准化，确保工程施工质量。另外，考虑到企业技术标准的相对先进性，我们将公司最新的专利、工法等自主知识产权成果等融入其中，以体现公司特色施工技术。

本系列标准包括道路工程、桥梁工程、隧道工程、地铁工程、土建工程、钢结构工程6项分册。可以作为企业生产操作的技术依据和内部验收标准，工程项目施工方案、技术交底的蓝本，编制投标方案和签订合同的技术依据，技术进步、技术积累的载体。

在本标准编制的过程中，得到了公司有关领导的大力支持，为我们提出了很多宝贵意见。众多专家也对该标准进行了精心的审查。在此，对以上领导、专家以及编辑、出版人员所付出的辛勤劳动，表示衷心的感谢。

由于时间紧迫，工作量大，加之水平有限，错误及不足之处在所难免，欢迎同行及业内专家学者提出批评意见。

本系列标准主要编写及审核人员：

主　　编：	楼跃清						
副 主 编：	张　欣	汪小东					
主要起草人：	庞海枫	陈　骏	尤伟军	叶巡安	苏　浩	曹　洲	樊冬冬	何凌波
	钱叶存	彭　慧	于　磊	王远航	张　弓	张江雄	方　圆	刘永波
	曾庆田	舒翰章	王　泉	廖　峰	王续胜	苏　章	袁东辉	龙昌林
审核专家：	夏　强	何景洪	王玉海	刘洪海	王　亮	王小虎	寇广辉	程　剑
	颜　斌	高　波	张　义	姜龙华	尤伟军			

前　　言

本书是《施工工艺标准手册系列》丛书之一，依据最新的建筑工程施工质量验收规范编写。全书包括 16 项施工工艺标准：基坑支护（内支撑）施工工艺标准、基坑换撑及内支撑拆除施工工艺标准、土方工程（开挖、回填）施工工艺标准、冲（钻）孔桩施工工艺标准、预制管桩（静压、锤击）施工工艺标准、人工挖孔桩（墩基础）施工工艺标准、抗拔锚杆施工工艺标准、防水工程施工工艺标准、屋面工程施工工艺标准、外墙保温工程施工工艺标准、楼梯施工工艺标准、普通模板工程施工工艺标准、后浇带施工工艺标准、普通混凝土施工工艺标准、精确砌块墙体施工工艺标准、机电配合铝模及装配式住宅预埋施工工艺标准。

本书可作为土建工程施工生产操作的技术依据、项目工程施工方案和技术交底的蓝本，是工程技术人员和管理人员必备的参考工具书。

本标准主要依据以下标准进行编制：

1 《建筑工程施工质量验收统一标准》GB 50300—2013；

2 《建筑地基基础工程施工质量验收规范》GB 50202—2002；

3 《砌体结构工程施工质量验收规范》GB 50203—2011；

4 《混凝土结构工程施工质量验收规范》GB 50204—2015；

5 《屋面工程质量验收规范》GB 50207—2012；

6 《地下防水工程质量验收规范》GB 50208—2011；

7 《建筑地面工程施工质量验收规范》GB 50209—2010；

8 《混凝土结构工程施工规范》GB 50666—2011；

9 《砌体结构工程施工规范》GB 50924—2014。

为了持续提高本标准的水平，请各单位在执行本标准的过程中，注意总结经验，积累资料，随时将有关意见和建议反馈给中建三局第一建设工程有限责任公司技术部（地址：武汉市东西湖区东吴大道特一号，邮政编码 430040），以供修订时参考。

本标准主要编写人员及审核人员：

主　　　编：楼跃清

副 主 编：汪小东　陈　骏

主要起草人：苏　章　王续胜　苏　浩　袁东辉　廖　峰　王远航　张　弓　龙昌林
　　　　　　余　祥　叶巡安　曹　洲　樊冬冬　李　剑　何凌波

审核专家：夏　强　何景洪　张　欣　庞海枫　刘洪海　王小虎　寇广辉　程　剑
　　　　　　颜　斌　姜龙华

目 录

第一章 基坑支护（内支撑）施工工艺标准

1 编制依据

编制依据见表 1-1。

编制依据

表 1-1

序号	名称	备注
1	《地下工程防水技术规范》	GB 50108—2008
2	《建筑地基基础工程施工质量验收规范》	GB 50202—2002
3	《混凝土结构工程施工质量验收规范》	GB 50204—2015
4	《地下防水工程质量验收规范》	GB 50208—2011
5	《建筑基坑工程监测技术规范》	GB 50497—2009
6	《钢筋焊接及验收规程》	JGJ 18—2012
7	《建筑基桩检测技术规范》	JGJ 106—2014
8	《建筑基坑支护技术规程》	JGJ 120—2012

2 施工准备

2.1 技术准备

组织项目部进行图纸自审，熟悉图纸内容，了解施工技术标准，明确工艺流程；

参与四方图纸会审，由设计进行交底，明确设计意图；

组织编制地下连续墙、格构柱及内支撑专项施工方案。

2.2 材料准备

2.2.1 地下连续墙

钢筋、模板（木模或钢模）、钢板、白铁皮、焊条、超声波检测管、黏土、接头箱、导管。

2.2.2 格构柱

护筒、钢筋、钢板、黏土、导管。

2.2.3 内支撑

钢筋、模板、木枋、钢管、塑料薄膜、对拉螺杆、PVC 套管。

2.3 设备准备

常用机械设备见表 1-2，常用机械设备工效见表 1-3。

常用机械设备表 表 1-2

序号	设备名称	数量	规格型号	备注
1	挖机	若干	/	导槽开挖
2	成槽机	若干	/	地下连续墙成槽
3	旋挖桩机	若干	/	格构柱成孔
4	冲孔桩机	若干	/	成槽、成孔
5	履带吊	若干	/	钢筋笼、格构柱吊装
6	直流电焊机	若干	/	钢筋笼焊接
7	等离子切割机	若干	/	钢板切割
8	滤砂机	若干	/	泥浆处理
9	制浆泵	若干	/	泥浆配置
10	泥浆泵	若干	/	泥浆循环
11	经纬仪	若干	/	测量放线
12	全站仪	若干	/	测量放线
13	水准仪	若干	/	测量放线
14	泥浆三件套	若干	/	泥浆性能参数检测
15	测绳	若干	/	成槽（孔）深度检测

常用机械设备工效表 表 1-3

序号	设备名称	规格型号	工效	备注
1	成槽机	SG60	5~6h/20m	可入强风化岩成槽
2	旋挖桩机	SH280	5h/20m	格构柱成孔
3	冲孔桩机	CZ-80	4~5h/m	中风化、微风化岩成槽
4	直流电焊机	BX1-500	6~8台/幅	制作一幅钢筋笼

注：各类机械均选用一种常见规格型号进行说明。

2.4 现场准备

施工前现场场地完成"三通一平"工作，地下管线、地面废旧建筑物等均拆除完成，临水、临电已接通到位并能满足施工需求；

综合考虑拟采用设备型号参数，在场内修建临时施工道路，满足大型机械设备及材料运输车辆通行；

在基坑中部设置泥浆池，分三级贮存，采用 240mm 厚灰砂砖砌筑，内侧抹灰，地面以下 1.5m，高出地面 0.5m，分为新浆池、循环池和废浆池。泥浆池体积应按照每日成槽方量的 1.5~2 倍进行设置，以满足现场施工需求。

3 工艺流程

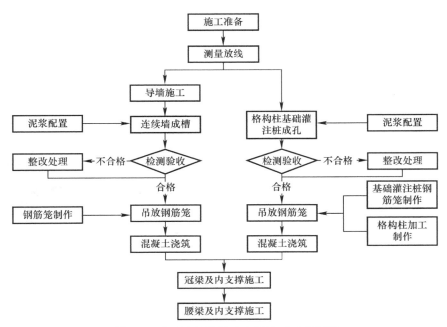

图 1-1　地下连续墙及内支撑施工工艺流程

4 施工要点

4.1 地下连续墙施工要点

4.1.1 测量放线

如图 1-2 所示，在原基准点和水准点的基础上建立现场施工控制网。

4.1.2 导墙开挖

内外导墙间净距比设计的地下连续墙厚度大 40～60mm，净距的允许偏差为±5mm，轴线距离的最大允许偏差为±10mm，如图 1-3 所示。

图 1-2　建立施工控制网

图 1-3　开挖导墙

4.1.3 导墙钢筋绑扎

钢筋型号、长度间距要求准确，采用双根绑扎丝绑扎牢固。绑扎时需预留下一幅导墙钢筋施工接头（预留钢筋接头需错开 35d），如图 1-4 所示。

4.1.4 导墙模板安装

导墙模板采用 10mm 钢板和 10mm×100mm 槽钢背楞制作，模板的拼缝、错台控制在 2mm 以内。模板中间撑采用 ϕ32m 钢筋焊接的钢支撑进行支护，间距 1000mm 布置，如图 1-5 所示。

图 1-4 绑扎导墙钢筋   图 1-5 导墙模板

4.1.5 导墙混凝土浇筑

浇筑必须对称分层浇筑。分层厚度为 400mm，边浇筑边振捣，采用插入式振捣器振捣。振捣时须做到快插慢拔，让气泡排除，振捣时间为 20～30s（严禁翻浆），如图 1-6 所示。

4.1.6 导墙养护拆模

浇筑后表面采用塑料布覆盖保温，持续洒水养护至达到设计强度。导墙强度达到 70％后方可拆模，拆模后在导墙内侧下部每隔 2m 加设 80mm×80mm 木枋支撑，上部每隔 2m 加设 C10 槽钢支撑，如图 1-7 所示。

图 1-6 浇筑导墙混凝土   图 1-7 拆模处理示意图

4.1.7 泥浆配置及使用

一般选用优质黏土或膨润土制造泥浆，泥浆的性能指标和配合比，须通过试验加以确定，如图 1-8 所示。

4.1.8 泥浆循环

泥浆使用一个循环之后，利用泥浆净化装置对泥浆进行分离净化并补充新制泥浆，以提高泥浆的重复使用率。提高泥浆技术指标的方法是向净化泥浆中补充重晶石粉、烧碱、钠土等，使净化泥浆基本上恢复原有的护壁性能，如图 1-9 所示。

图 1-8　泥浆配置试验

图 1-9　泥浆循环

4.1.9　槽段开挖

挖槽过程中，抓斗入槽、出槽应慢速稳当，根据成槽机仪表显示的垂直度及时纠偏。挖槽时，应防止由于次序不当造成槽段失稳或局部坍落，在泥浆可能漏失的土层中成槽时，应有堵漏措施，储备足够的泥浆，如图 1-10 所示。

4.1.10　槽段检验

槽段长度允许偏差为 2%，槽段厚度允许偏差为 +1.5%、−1%，槽段倾斜度允许偏差 1/150。承重墙槽底沉渣厚度不应大于 100mm，非承重墙槽底沉渣厚度不应大于 300mm，如图 1-11 所示。

图 1-10　开挖槽段

4.1.11 清刷接头

刷壁上下反复刷动至少 8 次，直到刷壁器上无泥为止后，继续采用刷壁器对接头刷壁 2～3 次。刷壁工具使用特制刷壁器，刷壁必须在清底之前进行，如图 1-12 所示。

图 1-11　槽段检验

图 1-12　清刷接头

图 1-13　清底换浆

4.1.12 清底换浆

钢筋笼下放完成后，混凝土浇筑之前，再次采用测绳对连续墙槽底沉渣进行检测，若槽底沉渣超出 30cm，则采用正循环输送新浆入槽，控制槽底沉渣小于规范要求，如图 1-13 所示。

4.1.13 钢筋笼制作

钢筋笼采用整体制作，在通长的钢筋笼底模上整幅加工成型，整体吊装入槽。一般在钢筋笼设置纵向钢筋桁架，钢筋笼的规格、尺寸按设计要求和槽段尺寸、接头型式、深度要求进行制作，如图 1-14 所示。

4.1.14 钢筋笼吊放

钢筋笼吊放采用双机抬吊，空中回直。以一台大履带吊作为主吊，一台小履带吊机作辅吊机。起吊时必须使吊钩中心与钢筋笼重心相重合，保证起吊平衡，如图 1-15、图 1-16 所示。

图 1-14　制作钢筋笼

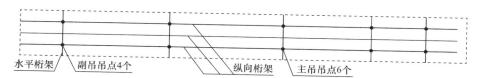

水平桁架　　副吊吊点4个　　　　　纵向桁架　　主吊吊点6个

图 1-15　吊点布置图

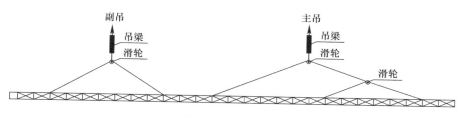

图 1-16　吊放示意图

4.1.15　接头箱吊放

　　钢筋笼就位后，在钢筋笼工字钢接头处吊放方形接头箱，并用沙袋进行侧边回填支撑，如图 1-17 所示。

4.1.16　导管安装

　　混凝土采用导管法灌注，导管直径一般选用 250～300mm，每节长 2～3m，并配备 1～1.5m 的短管以调整长度，各节导管之间尽量采用丝扣连接，并且连接处应加设橡胶垫圈密封，以防混凝土灌注时导管漏水，如图 1-18、图 1-19 所示。

图 1-17　吊放接头箱

4.1.17　混凝土浇筑

　　在槽段内同时使用两根导管浇筑时，其间距不应大于 3m，导槽距槽段端部不宜大于 1.5m，各导管底面的高差不宜大于 0.3m，混凝土上升速度不小于 3m/h，控制导管埋深在 2～4m 之间，如图 1-20 所示。

图 1-18　导管

图 1-19　安装导管

4.1.18　接头箱顶拔

根据水下混凝土凝固速度及施工中试验数据，混凝土灌注开始后 3～4h 开始拔动。以后每隔 30min 提升一次，其幅度为 50～100mm，混凝土浇筑结束 8h 以内，将接头箱完全拔出，如图 1-21 所示。

图 1-20　浇筑混凝土　　　　　　　　图 1-21　接头箱顶拔

4.2　格构柱施工要点

4.2.1　放大样、设置定位撑

在加工平台上按 1∶1 的大样放出钢格构柱角钢外轮廓线，角钢利用固定尺寸的马凳进行定位、固定，如图 1-22 所示。

4.2.2　装配拼装单元

先进行单根角钢拼接，角钢之间用同型号角钢拼接，拼接长度为 500mm，拼接位置角钢接头对角错开长度不小于 2.0m，拼接角钢对接端部须磨平，端面应水平。单个角钢拼接完成后，再利用两支角钢组成一个拼装单元，如图 1-23 所示。

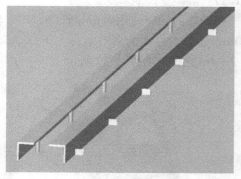

图 1-22　放大样、设置定位撑　　　　　图 1-23　拼装单元

4.2.3　组装连接钢板

在角钢上表面放线，定出钢板的组装位置，将钢板点焊固定在角钢上表面。为防止焊接变形，先进行钢板与角钢的点焊固定，待全部拼装后再进行加固焊接，如图 1-24 所示。

4.2.4　格构柱组装

将拼装成型的单元吊至钢格构柱组装架上，竖向放置，内外沿和内定位桩靠紧顶死，如图 1-25 所示。

图 1-24　组装连接钢板

图 1-25　组装格构柱

4.2.5　底部角钢固定

　　调整拼装单元的垂直度，用 U 字型钢将底部角钢定位，如图 1-26 所示。

4.2.6　第三面钢板定位安装

　　在组装单元角钢上表面划线，根据划线安装角钢间连接钢板，将连接钢板点焊固定。点焊位置及焊缝长度、高度与前同，如图 1-27 所示。

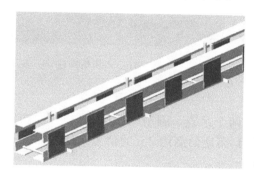

图 1-26　固定底部角钢

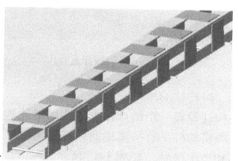

图 1-27　安装第三面钢板

4.2.7　翻身

　　第三个面的钢板点焊固定后，将组装单元翻身，如图 1-28 所示。

4.2.8　安装第四面连接钢板

　　按照前面的方法对第四个面的连接钢板进行定位并点焊固定，如图 1-29 所示。

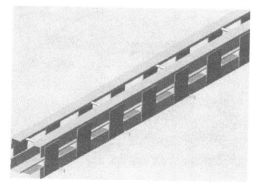

图 1-28　翻转组装单元

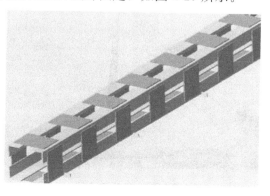

图 1-29　安装第四面连接钢板

4.2.9 焊接

钢格构柱组装完毕后，进行焊接作业，为减少焊接收缩引起的构件变形，采取对称焊及跳焊作业，即同时焊接钢格构柱的两个侧面同一标高位置的焊缝；在焊接钢板时，间隔两块焊接，钢立柱拼接部位周边需满焊，如图1-30所示。

4.2.10 格构柱安装

格构柱与钢筋笼连接点主要设置在格构柱下2.5m范围内，在该部位上、下部设置两个连接点，连接处的钢筋笼主筋与钢格构柱进行焊接，采用双面焊，焊缝长度不小于5d，如图1-31所示。

图1-30 焊接作业

图1-31 安装格构柱

4.2.11 格构柱的吊放

格构柱设置三个吊点，主吊钩用滑轮连接两个吊点，副吊钩吊第三点。吊装时，主、副吊点将格构柱平行吊离地面，将格构柱子吊到离地面高约2m的位置，始终保持格构柱底部不和地面接触，如图1-32所示。

4.2.12 混凝土浇筑

开始灌注第一斗混凝土时，导管下端离孔底控制在300～500mm，且在第一斗混凝土投入后埋入长度应达到0.8m以上；导管埋深不少于2m。水下混凝土灌注应连续进行，不得中断。提升导管时应避免碰挂钢筋笼，如图1-33所示。

图1-32 吊放格构柱

图1-33 浇筑混凝土

4.3 内支撑施工要点

4.3.1 场地平整

土方大开挖至支撑梁底 100mm 标高处，人工平整梁底土方，夯实；如遇淤泥质黏土，换填后平整夯实，如图 1-34 所示。

4.3.2 垫层浇筑

场地平整到位后，浇筑 100mm 厚 C15 素混凝土垫层，宽度为梁宽＋200mm（梁两侧各扩 100mm），如图 1-35 所示。

图 1-34 平整场地

4.3.3 测量放线

根据梁中心线，在垫层上弹两道墨线，即梁边线和模板控制线，如图 1-36 所示。

图 1-35 浇筑垫层

图 1-36 测量放线

4.3.4 塑料薄膜铺设

垫层磨光、找平后再铺设一层塑料薄膜，以便后续垫层凿除，如图 1-37 所示。

4.3.5 钢筋绑扎

在垫层上梅花布置与梁混凝土同强度的混凝土垫块。钢筋主筋均采用直螺纹套筒连接，上部钢筋接头设在跨中 1/3 范围内，下部钢筋接头在支座，接头百分率不大于 50％，如图 1-38 所示。

图 1-37 铺设塑料薄膜

图 1-38 绑扎钢筋

4.3.6 模板安装

分为无封板处和有封板处两种情况，如图 1-39 所示。

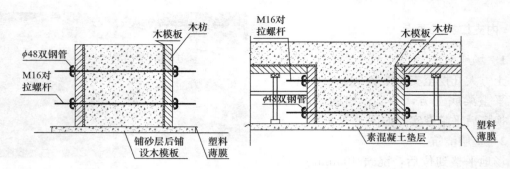

图 1-39 安装模板

4.3.7 混凝土浇筑

混凝土浇捣应按顺序依次浇捣，浇捣使用插入式振动棒，振动距离应小于振动棒作用半径的 1.5 倍，振动上层混凝土时，振动棒插入下层 50mm，不得漏振，也不得插入一点振捣，每一点振捣时间为 20～30s，如图 1-40 所示。

4.3.8 混凝土养护

在混凝土浇筑完成后，12h 以内应进行养护，然后根据天气情况洒水养护，要保证混凝土处于湿润状态同时养护时间不少于 7d。混凝土强度要达到 80％以上后才能挖支撑下土方，如图 1-41 所示。

图 1-40　浇筑混凝土　　　　　　　　图 1-41　养护混凝土

5　质量控制要点及检验标准

5.1　地下连续墙质量控制要求

5.1.1　导墙

地下连续墙成槽前沿设计墙位布置导墙，导墙内面拆模后立即在墙间加设支撑，在混凝土养护期间重型机械不得在导墙附近作业或行走。

5.1.2　泥浆护壁

护壁泥浆选用优质膨润土或黏粒含量大于 50％、塑性指数大于 20、含砂率小于 5％、二氧化硅与三氧化铝含量比值为 3～4 的优质黏土，使用前取样进行泥浆配合比试验，施工阶段必须严格泥浆管理，泥浆拌制和使用时必须进行检验，不合格及时进行处理。相关指标见表 1-4～表 1-6。

新制泥浆性能指标　　　　　　　　表 1-4

项次	项目		性能指标	检验方法
1	比重		1.03～1.10	泥浆比重秤
2	黏度	黏性土	19～22s	500/700mL 漏斗法
		砂性土	30～35s	
3	pH 值		8～9	pH 试纸

循环泥浆性能指标　　　　　　　　表 1-5

项次	项目		性能指标	检验方法
1	比重		1.03～1.20	泥浆比重秤
2	黏度	黏性土	19～30s	500/700mL 漏斗法
		砂性土	30～40s	
3	含砂率	黏性土	<4%	洗砂瓶
		砂性土	<7%	
4	pH 值		8～10	pH 试纸

清基后泥浆性能指标　　　　　　　　表 1-6

项次	项目		性能指标	检验方法
1	黏度		20～30s	500/700mL 漏斗法
2	比重	黏性土	不大于 1.15	泥浆比重秤
		砂性土	不大于 1.20	
3	含砂率		不大于 7	洗砂瓶

5.1.3　成槽清底

挖槽宜相隔 1～2 段跳段进行，从成槽至混凝土浇筑完成的累计槽壁暴露时间不宜超过 24h；

挖槽时加强观测，如槽壁发生较严重的局部坍塌时，应及时回填并妥善处理；

挖槽结束后，及时检查槽位、槽深、槽宽及槽壁垂直度等，合格后方可进行清槽换浆；

槽段长度允许偏差 2%；槽段厚度允许偏差 +1.5% 或 −1%，槽段倾斜度允许偏差 1/150，墙面局部突出不应大于 100mm，墙面上的预埋件位置偏差不应大于 100mm；

承重墙槽底沉渣厚度不应大于 100mm，非承重墙槽底沉渣厚度不应大于 300mm。

5.1.4　钢筋笼加工与吊放

单元槽段钢筋笼装配成一个整体，钢筋笼必须分段时，采用搭接接头，接头位置和长度应满足混凝土结构设计规范的要求；

起吊过程中保证钢筋的保护层厚度和钢筋笼有足够的刚度，采用保护层垫块、纵向钢筋桁架及主筋平面的斜向拉条等措施；

钢筋笼的钢筋交叉点至少50％采用焊接，焊接点必须牢固，临时铅丝绑扎点在钢筋入槽前应全部清除；

钢筋笼平稳入槽就位，如遇到障碍应及时重新吊起，查清原因，修好槽壁后再就位，不得采用冲击、压沉等方法强行入槽，钢筋笼就位后应在4h内浇筑混凝土，超过4h未能浇筑混凝土，把钢筋笼吊起，冲洗干净后再重新入槽；

钢筋笼的下端与槽底之间宜留有500mm间隙，钢筋笼两侧的端部与接头管或相邻墙段混凝土接头面之间应留有100～150mm的间隙。

5.1.5 混凝土灌注

单元槽段内同时使用两根导管浇筑时，其间距不大于3m，导槽距槽段端部不大于1.5m，各导管底面的高差不大于0.3m，施工中采取措施避免混凝土绕过接头管注入另一个槽段，混凝土连续快速浇筑，并在初凝前结束浇筑作业，槽段过深时宜加缓凝剂；

墙段之间的接缝选用圆形接头管或工字钢接头，换浆前接头面严格清刷，不得留有夹泥或混凝土浮渣粘着物，浇筑混凝土时经常转动接头管，拔管时不得损坏接头处混凝土；

墙段的浇筑标高应比墙顶设计标高增加500mm。

5.1.6 检测

地下连续墙采用声波透射法进行墙身完整性检测，以判定墙身缺陷的位置、范围和程度。

（1）《建筑基坑支护技术规程》JGJ 120—2012

地下连续墙检测墙段实量不宜少于同条件下总墙段数的20％，且不得少于3幅，每隔检测墙段的预埋超声波管数不应少于4个，且宜布置在墙身截面的四边中点处；

当根据声波透射法判定的墙身质量不合格时，应采用钻芯法进行验证；

对于转角槽段，声测管埋设数量不少于3根。

（2）超声波检测管埋设要求

声测管应沿钢筋笼内侧布置，边管宜靠近槽边，并沿基坑顺时针旋转方向对声测管依次编号。

声测管顶部宜和主筋平齐或略低，以免开挖时受到损坏。埋设完后在声测管上部应立即加盖或堵头，以免异物入内，如图1-42所示。

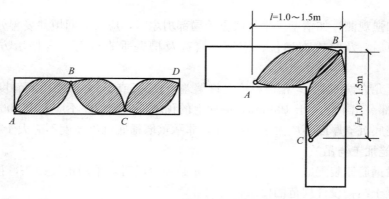

图1-42　地下连续墙声测管布置示意图

（3）超声波检测方法

测试前先将各地下连续墙声测管口封盖打开，清理管内杂物，并在管内注满清水。测试时每两根声测管为一组，通过水的耦合，超声脉冲信号从一根声测管中的换能器发射出去，在另一根声测管中的声测管接收信号，超声仪测定有关参数并采集记录储存。换能器由地下连续墙底同时往上依次检测，遍及各个截面。施工中，需做好相关数据记录，若前期准备工作充分，检测时间约 0.5～1h/槽段。

5.2 格构柱质量控制要求

5.2.1 灌注桩质量控制

详见灌注桩施工章节。

5.2.2 钢格构柱质量控制

相关要求见表 1-7～表 1-9。

格构柱焊接质量要求　　　　表 1-7

序号	项目	允许偏差（mm）	
1	缺陷类型	二级	三级
2	未焊满（指不足设计要求）	≤0.2＋0.02t 且≤1.0	≤0.2＋0.04t 且≤2.0
		每 100.0 焊缝内缺陷总长≤25.0	
3	根部收缩	≤0.2＋0.02t 且≤1.0	≤0.2＋0.04t 且≤2.0
		长度不限	
4	咬边	≤0.05，且≤0.5；连续长度≤100.0，且焊缝两侧咬边总长≤10%焊缝全长	≤0.1t 且≤1.0，长度不限
5	弧坑裂纹	—	允许存在个别长度≤5.0 的弧坑裂纹
6	电弧擦伤	—	允许存在个别电弧擦伤
7	接头不良	缺口深度 0.05t 且≤0.5	缺口深度 0.1t 且≤1.0
		每 1000.0 焊缝不超过 1 处	
8	表面夹渣	—	深≤0.2t 长≤0.5t 且≤20.0
9	表面气孔	—	每 50.0 焊缝长度内允许直径≤0.4t 且≤3.0 的气孔 2 个，孔距≥6 倍孔径

注：t 为连接处较薄的板厚。本工程按二级焊缝质量控制。

格构柱吊装质量要求　　　　表 1-8

序号	检查项目	允许偏差
1	立柱中心线和基线中心线	±5mm
2	柱顶及底板顶设计标高	0mm，—20mm
3	立柱顶面不平度	±5mm
4	立柱不垂直度	长度的 1/500
5	立柱上下两平面相应对角线差	长度的 1/500

序号	项目	允许偏差（mm）	检验方法
1	预拼装单元总长	±5.0	用钢卷尺量
2	对口错边	+2.0，−1.0	用焊缝量规检查
3	对角线之差	$H/2000$，且不大于 5.0	用钢卷尺量

5.3　内支撑质量控制要求

5.3.1　钢筋工程质量控制

原材料进场应重点检查钢筋外观质量、材料出厂质量证明书、复检报告，确保无误并验收合格后方可使用；

钢筋的规范、数量、品种、型号均应符合图纸要求，绑扎成形的钢筋骨架不得超出规范规定的允许偏差范围；

重点检查钢筋半成品质量和绑扎质量，主要包括钢筋规格、形状、尺寸、数量、间距；钢筋的锚固长度、接头位置、弯钩朝向；焊接质量；预留洞孔及埋件规格、数量、尺寸、位置；钢筋位移；钢筋保护层厚度及绑扎质量；

设专人看护，严禁踩踏和污染成品，浇筑混凝土时设专人看护和修整钢筋，焊接前配备监护人员和灭火设备。

5.3.2　模板工程质量控制

模板重复使用时应编号定位，清理干净模板上污渍并刷隔离剂，使混凝土达到不掉角，不脱皮，表面光洁；

处理好冠（腰）梁与支撑梁、支撑梁与支撑柱交接处的模板拼装，确保支撑稳固度、刚度、垂直度、平整度和接缝，做到稳定、牢固、不漏浆；

施工前检查上道工序质量，钢筋位置及放线位置是否正确；及时更换有缺陷的模板，并予以修复，加强工序自检，加强出场管理及现场保养；连结件扣紧不松动；支撑点牢固可靠，损坏模板背楞不予使用。

5.3.3　混凝土工程质量控制

浇捣使用插入式振动棒，振动器的操作要做到"快插慢拔"，振动距离应小于振动棒作用半径的 1.5 倍，振动上层混凝土时，振动棒插入下层 50mm，不得漏振，每一点振捣时间为 20～30s；

混凝土达到 C12 之前人员不可站上内支撑，达到 80％强度之前不可开挖下层土方，达到 100％之前不得走大型机械。

第二章　土方工程（开挖、回填）施工工艺标准

1　土方开挖施工

1.1　编制说明

编制依据见表 2-1。

编制依据　　　　　　　　　　　　　　　　　　　　　表 2-1

序号	名称	备注
1	《建筑边坡工程技术规范》	JGJ 79—2013
2	《建筑地基基础工程施工质量验收规范》	GB 50202—2002
3	《建筑地基基础设计规范》	GB 50007—2011

1.2　施工准备

核对图纸中的轴线及对应坐标，中线、水平基点布设合理，轴线放样和标高测量满足施工要求；

应配备激光测量仪，需在开挖前和过程中及时做好标高及尺寸量测；

基坑工程施工前，根据施工设计图，认真核对基坑设计的勘测资料，如地形、地貌、工程地质、水文地质、钻探图表等；

摸清工程场地情况，包括运输道路、邻近建筑物、管线、电缆坑基、防空洞、地面上施工范围内的障碍物和堆积物状况，供水、供电、通信情况，防洪排水系统等等，以便为施工规划和准备提供可靠的资料和数据；

研究制定现场场地整平、基坑工程施工方案；绘制施工总平面布置图和基坑土方工程图，确定开挖路线、顺序、范围、设计标高、边坡坡度、排水沟、集水井位置，以及挖去的土方堆放地点；提出需用施工机具、劳力、推广新技术计划。

1.3　工艺流程

工艺流程见图 2-1～图 2-6。

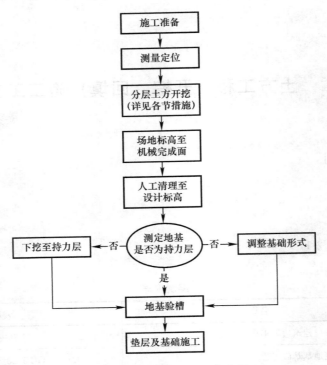

图 2-1　土方开挖施工工艺流程

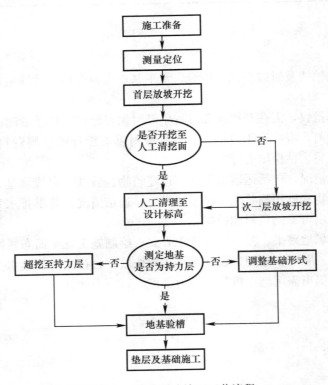

图 2-2　一般分层法施工工艺流程

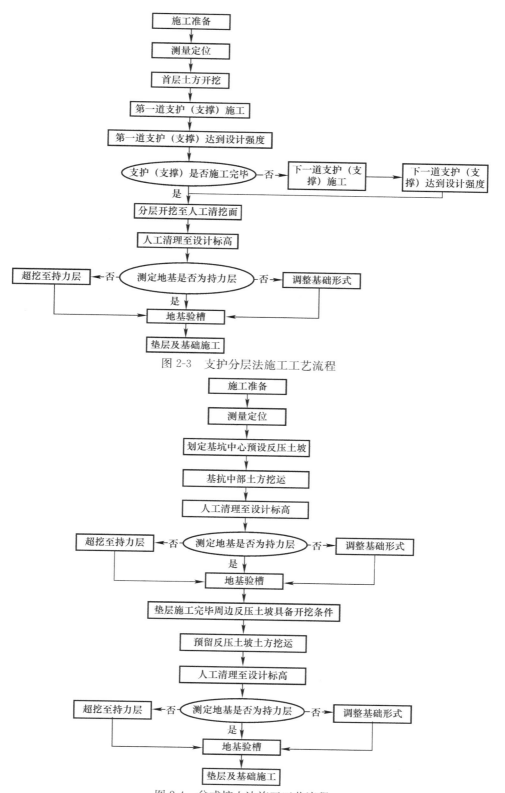

图 2-3　支护分层法施工工艺流程

图 2-4　盆式挖土法施工工艺流程

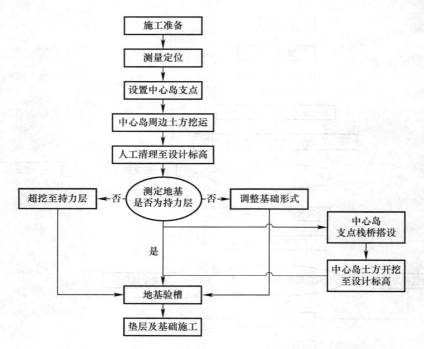

图 2-5　中心岛式挖土法施工工艺流程

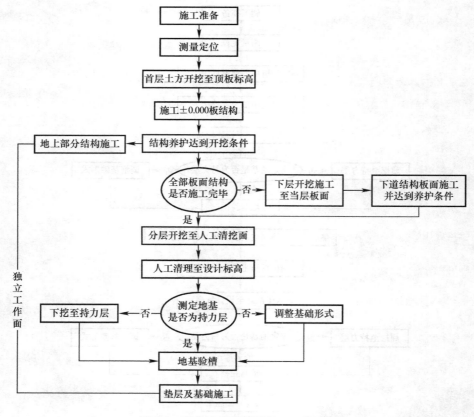

图 2-6　逆作法土方开挖施工工艺流程

1.4 施工要点

1.4.1 一般分层法施工要点

（1）绘制要点图并编号

施工要点：①场地平整标高；②出土平台；③出土坡面；④设计开挖标高。如图 2-7 所示。

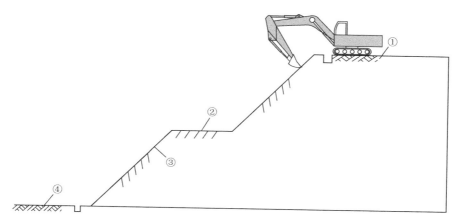

图 2-7　要点图示例

（2）分层厚度

施工要点：软土地基应控制在 2m 以内；硬质土可控制在 5m 以内为宜。开挖顺序可从基坑的某一边向另一边平行开挖，可从基坑两头对称开挖，或从基坑中间向两边平行对称开挖，也可交替分层开挖，这些均可根据工作面和土质情况决定，如图 2-8 所示。

（3）边坡坡度

施工要点：在采用放坡开挖时，要求基坑边坡在施工期间保持稳定。基坑边坡坡度

图 2-8　分层示意图

应根据土质、基坑深度、开挖方法、留置时间、边坡荷载、排水情况及场地大小确定。放坡开挖应有降低坑内水位和防止坑外水倒灌的措施。在软土地基下，不宜挖深过大，一般控制在 6～7m 左右，坚硬土层则不受此限制。放坡值应符合规范要求，如图 2-9 所示。

（4）出土设备

施工要点：出土设备要根据坡面选择合适的机械配套作业，加快施工进度，保证设备性能优良，提高施工效率，如图 2-10 所示。

1.4.2 支护分层法施工要点

（1）绘制要点图并编号

施工要点：无内支撑支护的土壁可垂直向下开挖，不需要在基坑边四周有很大的场地，可用于场地狭小、土质又较差的情况。同时，在地下结构完成后，其基坑土方回填工作量也小，如图 2-11、图 2-12 所示。

图 2-9　边坡示意图　　　　　　　　　图 2-10　出土设备

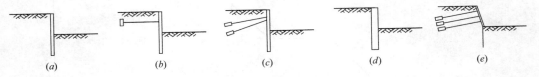

图 2-11　施工方式

（a）悬臂式；（b）拉锚式；（c）土锚杆；（d）重力式；（e）土钉墙

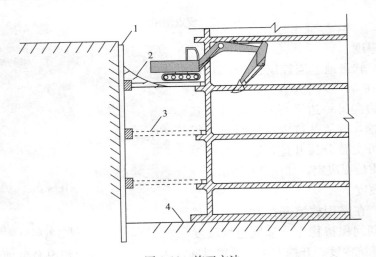

图 2-12　施工方法

1—支护桩；2—首层开挖面；3—后续待施工支撑；4—设计标高面

（2）支撑面开挖

施工要点：有内支撑支护基坑土方开挖中。第一层土方开挖一般采用大挖机开挖，将整个基坑范围内土体进行大面积开挖，从自然地面开挖至首层内支撑底标高，随挖随施工第一道支撑、围护顶圈梁，形成挖土栈桥，如图 2-13 所示。

（3）下层土方开挖

施工要点：待第一道支撑强度达到设计强度的 80％后（图纸有独立要求按照说明进行施工）开始下层土方开挖，考虑内支撑条件基坑深度，无特殊条件必须进行分层开挖，分层厚度小于 2m，如图 2-14 所示。

图 2-13　支撑面开挖效果

图 2-14　下层土方开挖效果

（4）开挖面封闭

施工要点：下层支撑及土体开挖方法同上层内支撑面，开挖至基底标高后随即浇筑底板混凝土垫层。注意过程支护要紧跟当层开挖面及时封闭，如图 2-15 所示。

图 2-15　封闭开挖面

1.4.3　盆式开挖法施工要点

（1）绘制要点图并编号

施工要点：盆式开挖法适合于基坑面积较大、支撑或拉锚作业困难且无法放坡的基坑。盆式开挖是先分层开挖基坑中间部分的土方，基坑周边一定范围内的土暂不开挖，以此出现盆式效果，如图 2-16 所示。

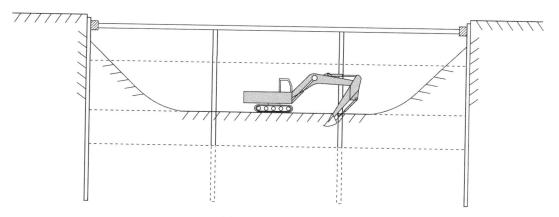

图 2-16　要点图示例

（2）盆式放坡

施工要点：开挖时可视土质情况放坡，此时留下的土坡可对四周围护结构形成被动土反压力区，以增强围护结构的稳定性。待中间部分的混凝土垫层、基础或地下室结构施工完成之后，再用水平支撑或斜撑对四周围护结构进行支撑，并突击开挖周边支护结构内部分被动土区的土，每挖一层支一层水平横顶撑，直至坑底，最后浇筑该部分结构混凝土，

图 2-17 放坡效果图

如图 2-17 所示。

1.4.4 中心岛式挖土法施工要点

（1）绘制要点图并编号

施工要点：当基坑面积不大，周围环境和土质可以进行拉锚或采用支撑时，可采用此法施工。与盆式开挖相反，中心岛式挖土是先开挖基坑周边土方，基坑中心的土方暂时留置，以此在中心支点处出现岛式土墩，如图 2-18 所示。

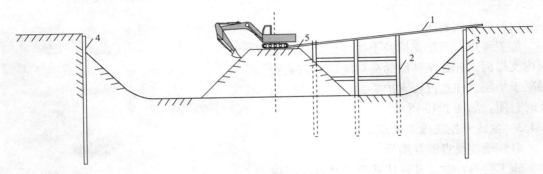

图 2-18 要点图示例

1—栈板；2—支架或利用工程桩；3—围护墙；4—腰梁；5—土墩

（2）分层厚度

施工要点：中间留土方可作为支点搭设栈桥，挖土机可利用栈桥下到基坑挖土，运土的汽车亦可利用栈桥进入基坑运土，可有效加快挖土和运土的速度。挖土也分层开挖，一般先全面挖去一层，然后中间部分留置土墩，周圈部分分层开挖。挖土多用反铲挖土机，如基坑深度很大，可采用向上逐级传递方式进行土方装车外运。在边缘土方开挖到基底以后，先浇筑该区域的底板，以形成底部支撑，再开挖中央部分的土方，如图 2-19 所示。

图 2-19 中心岛式挖土法示意图

1.4.5 逆作挖土法施工要点

（1）绘制要点图并编号

施工要点：逆作法是在开挖的时候，利用主体工程地下结构作为基坑支护结构，并采取地下结构由上而下的设计施工方法，即挖土到达某一设计标高时，就先开始做主体结构，然后再继续向下开挖，直至开挖至设计标高。逆作法以结构代替支撑，支撑刚度大，利于控制变形，避免资源浪费，可以实现上下同时施工，增大作业面，缩短工期，是超大面积、超深基坑工程更为安全、可靠、经济、合理的设计施工方法，如图 2-20 所示。

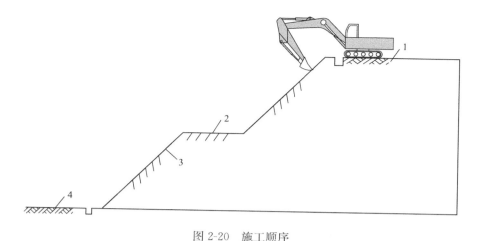

图 2-20 施工顺序

1—顶板结构面；2—结构面层下土方开挖；3—逆作开挖出土料口；4—下层结构面层

（2）楼板支撑

施工要点："逆作法"工法的最大特点是利用柱下桩及基坑周边地下连续墙围护作为逆作法施工期间承重地上、地下结构的荷载及其施工荷载，利用地下室楼板，作为基坑施工的支撑。其中柱桩的深度、柱径与地下墙的深度、厚度需经过计算确定，如图 2-21 所示。

（3）逆向暗挖

施工要点：地下多层逆作法挖土采用地下室首层楼板完成后，由专用取土设备与人力相结合在楼板底下挖土，挖至下一层楼板标高后，浇筑该层楼板结构，然后再用相同方法挖土，浇筑楼板，如此直至地下室大底板完成，如图 2-22 所示。

图 2-21 支撑楼板

图 2-22 逆向暗挖示意图

（4）取土口出土

施工要点："逆作法"施工土方，采用人力开挖与基坑水平运土，然后由设置在基坑两端的取土口专用取土设备，将挖出的土方提升装车外运，如图 2-23 所示。

（5）标高平衡

施工要点：地下室楼板模采用土模承重，当挖土至标高后做出混凝土垫层，并在模板搁支点上用砂浆找平，直接将模板搁置在砂浆找平层上，挖土、混凝土垫层、砂浆找平、必须按要求严格控制标高误差，如图 2-24 所示。

图 2-23　取土口　　　　　　　　　　　　　图 2-24　标高控制

1.5　质量控制要点及检验标准

（1）土方工程施工前应进行挖、填方的平衡计算，综合考虑土方运距最短、运程合理和各个工程项目的合理施工程序等，做好土方平衡调配，减少重复挖运。

（2）当土方工程挖方较深时，施工单位应采取措施，防止基坑底部土的隆起并避免危害周边环境。

（3）在挖方前，应做好地面排水和降低地下水位工作。

（4）平整场地的表面坡度应符合设计要求，如设计无要求，排水沟方向坡度不应小于2%。平整后的场地表面应逐点检查。检查点为每 100～400m² 取 1 点，但不应少于 10 点；长度、宽度和边坡均为每 20m 取 1 点，每边不应少于 1 点。

（5）土方工程施工，应经常测量和校核其平面位置、水平标高和边坡坡度。平面控制桩和水准控制点应采取可靠的保护措施。定期复制和检查。土方不应堆在基坑边缘。

（6）检验标准

检验标准见表 2-2、表 2-3。

临时性挖方边坡值　　　　　　　　　　　　　　　　　　　　表 2-2

土的类别		边坡值（高：宽）
砂土（不包括细砂、粉砂）		1:1.25～1:1.50
一般性黏土	硬	1:0.75～1:1.00
	硬、塑	1:1.00～1:1.25
	软	1:1.50 或更缓
碎石类土	充填坚硬、硬塑黏性土	1:0.50～1:1.00
	充填砂土	1:1.00～1:1.50

注：1. 设计有要求时，应符合设计标准。
　　2. 如采用降水或其他加固措施，可不受本表限制，但应计算复核。
　　3. 开挖深度，对软土不应超过 4m，对硬土不应超过 8m。

项目	序号	项目	允许偏差或允许值					检验方法
			校基基坑坑槽	挖方场地平整		管沟	地(路)面基层	
				人工	机械			
主控项目	1	标高	−50	±30	±50	−50	−50	水准仪
	2	长度、宽度(由设计中心线向两边量)	+200 −50	+300 −100	+500 −150	+100	+100	经纬仪,用钢尺量
	3	边坡	设计要求					观察或用坡度尺检查
一般项目	1	表面平整度	20	20	50	20	20	用2m靠尺和楔形塞尺检查
	2	基底土性	设计要求					观察或土样分析

2 土方回填施工

2.1 编制说明

编制依据 表 2-4

序号	名称	备注
1	《建筑边坡工程技术规范》	JGJ 79—2013
2	《建筑地基基础工程施工质量验收规范》	GB 50202—2002
3	《建筑地基基础设计规范》	GB 50007—2011

2.2 施工准备

2.2.1 技术准备

施工前进行回填土分项工程的安全、技术交底工作,做好标高的抄测和分层厚度标定工作;

对土料见证取样,送实验室进行土质实验;

准备现场检测工具,核实回填土的压实系数是否达到设计要求。

2.2.2 材料机具准备

施工现场车辆行走道路以及材料堆放场地;

备好转运、夯实机械(如装载机、打夯机等)、电缆、照明设备及手推车、铁锹、靠尺等工具;

回填土不得含有有机杂质,其粒径不大于50mm,含水率符合规定。抄测好填土标高线,并且按要求分好各层回填厚度。回填土内不得含有植物、砖块等杂物,为保证回填质量必须清理干净。

2.3 工艺流程

工艺流程见图 2-25。

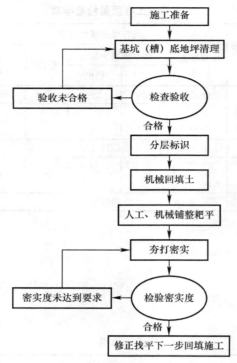

图 2-25　土方回填施工工艺流程

2.4　施工要点

2.4.1　绘制回填图并编号

施工要点：绘制回填流程图，并注明标识及段位，如图 2-26 所示。

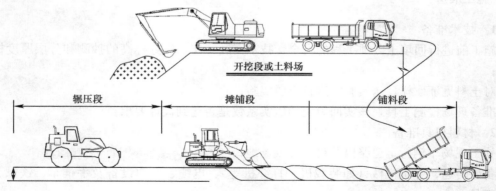

图 2-26　回填流程图示例

2.4.2　回填准备

施工要点：填土前应将基坑（槽）底或地坪上的垃圾等杂物清理干净；肥槽回填前，必须清理到基础底面标高，将回落的松散垃圾、砂浆、石子等杂物清除干净。检验回填土的质量有无杂物，粒径是否符合规定，以及回填土的含水量是否在控制的范围内；如含水量偏高，可采用翻松、晾晒或均匀掺入干土等措施；如遇回填上的含水量偏低，可采用预先洒水润湿等措施，如图 2-27 所示。

2.4.3 分层铺摊

施工要点：回填土应分层铺摊。每层铺土厚度应根据土质、密实度要求和机具性能确定。一般振动打夯机每层铺土厚度为 200～250mm；人工打夯不大于 200mm。每层铺摊后，随之耙平，如图 2-28 所示。

图 2-27　洒水润湿

2.4.4 夯打压实

施工要点：回填上每层至少夯打三遍。打夯应一夯压半夯，行行相连，纵横交叉。并且严禁采用水浇使土下沉的所谓"水夯"法。深浅两基坑相连时，应先填夯深基础；填至浅基坑相同的标高时，再与浅基础一起填夯。如必须分段填夯时，交接处应填成阶梯形，梯形的高宽比一般为 1∶2。上下层错缝距离不小于 1.0m，如图 2-29 所示。

图 2-28　分层铺摊

图 2-29　夯打压实

2.4.5 环刀取样

施工要点：回填土每层填土夯实后，应按规范规定进行环刀取样，测出干土的质量密度；达到要求后，再进行上一层的铺土，如图 2-30 所示。

2.4.6 修正找平

施工要点：填土全部完成后，应进行表面拉线找平，凡超过标准高程的地方，及时依线铲平；凡低于标准高程的地方，应补土夯实，如图 2-31 所示。

图 2-30　环刀取样

图 2-31　找平效果图

2.5 质量控制要点及检验标准

（1）土方回填前应清除基底的垃圾、树根等杂物，抽除坑穴积水、淤泥，验收基底标高。如在耕植土或松土上填方，应在基底压实后再进行。

（2）对填方土料应按设计要求验收后方可填入。

（3）填方施工过程中应检查排水措施，每层填筑厚度、含水量控制、压实程度。填筑厚度及压实遍数应根据土质，压实系数及所用机具确定。见表2-5、表2-6。

填土施工时的分层厚度及压实遍数 　　　　　　　　　　表2-5

压实机具	分层厚度（mm）	每层压实遍数
平碾	250～300	6～8
振动压实机	250～350	3～4
柴油打夯机	200～250	3～4
人工打夯	<200	3～4

填土工程质量检验标准 　　　　　　　　　　表2-6

项	序号	检查项目	允许偏差或允许值					检验方法
			柱基基抗基槽	场地平整		管沟	地（路）面基础层	
				人工	机械			
主控项目	1	标高	−50	±30	±50	−50	−50	水准仪
	2	分层压实系数	设计要求					按规定方法
一般项目	1	回填土料	20	20	50	20	20	用2m靠尺和楔形塞尺检查
	2	分层厚度及含水量	设计要求					观察或土样分析
	3	表面平整度	20	20	30	20	20	用塞尺或水准仪

第三章　冲（钻）孔桩施工工艺标准

1　编制依据

编制依据见表 3-1。

编制依据　　　　　　　　　　　　　　　　　　　　　　　　　表 3-1

序号	名称	备注
1	《建筑地基基础设计规范》	GB 50007—2011
2	《建筑地基基础工程施工质量验收规范》	GB 50202—2002
3	《建筑桩基技术规范》	JGJ 94—2008
4	《建筑基桩检测技术规范》	JGJ 106—2014

2　施工准备

2.1　技术准备

开工前，应组织学习设计文件及相应技术标准，对设计施工图纸及相关施工资料进行复核。根据建设单位提供的资料，对施工现场进行全面深入的调查；熟悉现场地形、地貌、周边管线及道路情况。再详尽的现场调查之后，应根据设计要求、合同、现场情况等，完成实施性施工组织设计编制、报批，并对各类施工人员进行技术交底，并形成文件；

根据设计文件，明确是否需要做超前钻，并对做超前钻规则了解清楚；

编制桩位图、桩机行走路线图、施工进度计划，并报批；

桩基施工前，应按照有关规定和要求完成实验室的建设与认证。

2.2　测量准备

测量人员进场后认真阅读，熟悉整个设计图纸，全面了解设计意图，根据现场总体布置、施工进度安排制定测量方案。

复核甲方提供的平面控制点及高程控制点，检查无误后办理好桩点移交手续。

根据现场布置，建立平面控制点和高程控制点，并按要求预埋控制基点。

桩位的测放与复核：利用全站仪投测桩位，并做好标记，待挖好桩洞，放置好护筒后再进行桩位复测，确保定位准确。

2.3 资源准备

相关准备见表 3-2、表 3-3。

主要施工机械设备需求计划 表 3-2

序号	设备名称	型号规格	功效	功率（kW）	备注
1	冲孔桩机	CK1800	一根 20m 的桩需 3d 左右	55	
2	泥浆泵	3PNL	每台冲孔桩机配置 1 台	22	
3	电焊机	GT2-40B	平均 3 台冲孔桩机配置 1 台	21	
4	潜水泵	D50	/	1.5	
5	灌注导管	φ260	/		
6	氧焊设备	套	/		

劳动力配置表 表 3-3

序号	工种级别	人数
1	桩机操作工	每 3 台配置 3 人
2	普工	每 4 台配置 1 人
3	杂工	每 4 台配置 1 人
4	混凝土浇筑工	每 3 台配置 2 人
5	测量工	每 8 台配置 1 人
6	机修工	每 10 台配置 1 人
7	电工	每 10 台配置 1 人
8	电焊工	每 3 台配置 1 人

2.4 现场准备

应根据工程规模、现场情况，修筑临时施工道路。临时施工道路应满足履带吊通行和转运钢筋笼；

应根据政府有关安全、文明施工生产的法规规定，结合工程特点、现场环境条件，搭建现场临时生产、生活设施，并应制定施工管理措施；结合施工部署与进度计划，应做好安全、文明生产与环境保护工作。

3 工艺流程

工艺流程见图 3-1。

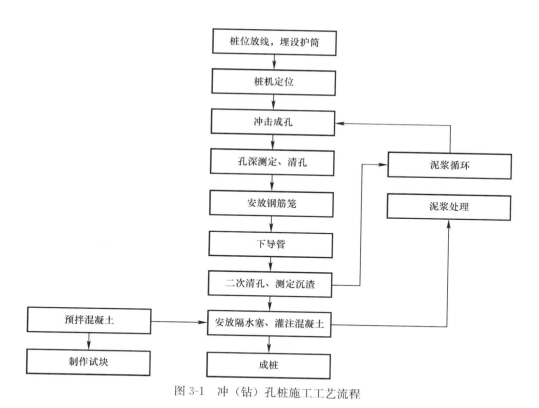

图 3-1 冲（钻）孔桩施工工艺流程

4 施工要点

4.1 桩位放线、埋设护筒

施工要点：护筒埋深不小于 1.5m，护筒与坑壁之间用黏土填实，护筒十字线中心与桩位中心线偏差不得大于 50mm，如图 3-2 所示。

图 3-2 埋设护筒

4.2 泥浆制备

施工要点：使用的泥浆用优质膨润土制作，及时采集泥浆样品，测定性能指标，如

图 3-3 所示。

项目	名称	新制泥浆	循环再生泥浆	废弃泥浆
1	比重（g/cm³）	1.06～1.10	1.10～1.25	≥1.25
2	黏度（s）	18～28	25～30	＞30
3	失水量（mL/30min）	≤20	≤30	＞30
4	泥皮厚度（mm）	≤3	≤5	＞5
5	含砂量（%）	≤4	≤5	＞5
6	pH值	8～10	≤11	＞11

图 3-3 泥浆技术指标

4.3 冲击成孔

施工要点：冲击锤中心与护筒中心偏差不大于±20mm，开始应低锤密击，锤高0.4～0.6，直至孔深达护筒底以下3～4m后，才可加快速度，将锤提高至2～3.5m以上转入正常冲击，如图3-4所示。

图 3-4 冲击成孔

4.4 孔深测定

施工要点：施工过程中一般用测绳检测实际孔深，如图3-5所示。

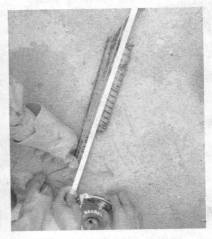

图 3-5 测定孔深

4.5 一次清孔

施工要点：在达到设计孔深后，将冲击锤或钻头提离孔底 300～500mm，慢转，开足泵量进行一次清孔，搅碎孔底较大颗粒的泥块，同时上返孔内尚未返出孔外的钻渣，时间为 3h 左右，如图 3-6 所示。

4.6 钢筋笼制作与吊装

施工要点：钢筋采用机械连接时，在同一截面内的钢筋接头不得超过主筋总数 50%，两个接头中心的竖向间距不小于 35d，为保证吊装安全可靠，当钢筋笼纵筋直径大于 $\phi22$ 时建议加劲箍采用 $\phi22$，如图 3-7 所示。

图 3-6 一次清孔

图 3-7 吊装钢筋笼

4.7 下导管

施工要点：底管长度为 4m，中间每节长度一般为 2.5m，导管底端距孔底 0.5m 左右，导管在连接处应牢固，设置密封圈，吊放时，应使位置居中，轴线顺直，稳定沉放，避免卡挂钢筋笼和剐撞孔壁，如图 3-8 所示。

图 3-8 吊放导管

4.8 二次清孔、测定沉渣厚度

施工要点：将泥浆从导管中注入桩底，反循环清孔，利用测绳法测量沉渣厚度，沉渣厚度满足设计要求后方可终止清孔（测量绳应预先浸泡，防止因测量绳变形产生误差，测点尽量靠近桩中心），如图 3-9 所示。

4.9 安放隔水塞

料斗中放置隔水塞，达到初灌量时，提出隔水塞，保证首灌混凝土能够顺利封底，如图 3-10 所示。

图 3-9　二次清孔　　　　　　　　图 3-10　安放隔水塞

4.10 灌注混凝土

施工要点：混凝土初灌量应能满足导管最小埋深 0.8m 的要求，灌注混凝土过程中要保证导管埋深在 2~6m 的范围之内，保证混凝土不会接触水致使混凝土离析，影响桩的质量，同时也保证混凝土在灌注过程中能够顺畅地流下，如图 3-11 所示。

图 3-11　灌注混凝土

5 质量控制要点及检验标准

5.1 控制要点

5.1.1 施工准备阶段

灌注桩需提前用超前钻做施工勘察，避免将孤石作为承载岩层；

钢材、水泥等原材料的质量、检验项目、批量和检验方法，应符合国家现行标准的规定；

应严格对桩位进行检验，桩位的放样允许偏差群桩为20mm，单排桩为10mm；

钢筋笼制作应对钢筋规格、焊条规格、品种、焊口规格、焊缝长度、焊缝外观和质量、主筋和箍筋的制作偏差等进行检查，钢筋笼制作允许偏差应符合规范要求。为确定钢筋笼顶标高，并保证钢筋笼的垂直放置，预先焊接两根等长度对称布置的吊筋，吊筋一般伸出孔口，作为判断钢筋笼上浮或下沉的依据。允许偏差及检验方法见表3-4。

允许偏差及检测方法 表 3-4

序号	项目	允许偏差（mm）	检验方法
1	主筋间距	±10	用尺量
2	箍筋间距	±20	用尺量
3	钢筋笼直径	±10	用尺量
4	钢筋笼整体长度	±50	用尺量
5	主筋弯曲度	<1%	用尺量
6	主筋弯曲度	<1%	用尺量

5.1.2 施工过程阶段

（1）冲孔过程控制要点

应先收紧内套钢丝绳将锥提起，检查锥的中心位置是否与护筒中心一致，检查锥架、底腿是否牢固，检查卷扬机和自动挂脱之间动作是否灵活、可靠；

应根据冲岩土的松散度选择合适的冲程：冲松散层宜选小冲程（0.5～1.0m）；冲砂卵石宜选中等冲程（1～2m）；当砂卵石较密实时可加大冲程（2～3m）；在基岩中冲击钻进时，宜采用高冲程（2.5～3.5m）；

冲孔时应及时将孔内残渣排出，每冲击1～2m，应排渣一次，同时检查成孔的垂直度，如发生斜孔、塌孔或护筒周围冒浆时，应停机，待采取相应措施后再进行施工，相邻桩机不宜过近，以免互相干扰，在刚灌注完毕混凝土的桩旁进行另一根桩成孔施工时，其安全距离应大于4D（D为桩直径），或最少时间间隔不应少36h，以防止坍孔。每次捞渣后，应及时向孔内补充泥浆或黏土，保持孔内水位高于地下水位1.5～2.0m。

（2）孔底沉渣厚度控制要点

1）选择合适的清孔方法

应根据不同的钻孔方法、施工设备、设计要求及地层条件，来合理选用清孔方法。

抽浆法清孔：抽浆法清孔较彻底，且清孔速度快，可适用于各类土层、各种钻孔方法的摩擦桩或支承桩，但在孔壁易坍塌的桩孔中应谨慎使用，以防坍孔。

换浆法清孔：对以黏性土及细颗粒砂性土层为主的桩孔可采用换浆法清孔。采用该法清孔不易引起坍孔，但清孔速度慢，须控制好泥浆指标及清孔时间，否则清孔效果难以保证。

掏渣法清孔：对于冲击、冲抓、旋挖钻进的桩孔，应先采用掏渣法进行初步清孔，待较大颗粒沉渣清理完毕后，可换用换浆法进一步清孔，同时降低孔内泥浆密度。

喷射法清孔：在导管等混凝土灌注设备已安装，实测孔底沉渣厚度超出规定或设计要求，但超出范围不大，进行二次清孔费时费力，且影响孔壁稳定的情况下，可采用喷射清孔法进行处理，并立即灌注水下混凝土。该法仅宜作为其他方法清孔的辅助手段。

2）确保清孔彻底、充分

清孔持续时间应根据具体清孔方式、地质情况及孔底排出的泥浆指标确定，抽浆法清孔的速度较快（一般不少于 10min 即可），换浆法清孔速度较慢（30min 至数小时不等），无论采用何种清孔方式，均应确保清孔持续时间，否则难以达到清孔效果。

3）严格控制清孔泥浆指标

清孔过程泥浆指标清孔过程中泥浆密度一般应比钻孔泥浆密度小，但泥浆密度及黏度过小，影响孔壁稳定；采用正循环清孔时，泥浆密度及黏度过小，还会影响泥浆悬浮钻渣的能力，降低清孔效果。在黏性土、粉土及粉砂土为主的土层中，清孔过程中输入泥浆指标宜控制为：相对密度 1.05～1.10；黏度 16～20Pa·s；含砂率<4%。

终止清孔泥浆指标终止清孔前应在孔底取泥浆进行性能指标检测，终止清孔泥浆指标一般控制在以下范围：相对密度 1.03～1.15；黏度 17～20Pa·s；含砂率<4%；胶体率>98%。

4）缩短施工历时在确保清孔效果的同时，应加强工序衔接，提高工作效率，尽量缩短清孔至混凝土灌注之间的时间间隔。

5）进行首批混凝土灌注前，再次探测泥浆指标及孔底沉渣层厚度，如超过规定要求时，立即进行再次清孔，直至符合要求时方可灌注水下混凝土。

5.2 质量检验标准

根据建筑工程《地基基础工程施工质量验收规范》GB 50202—2002，混凝土灌注桩的质量检验标准应符合表 3-5 中的规定。

混凝土灌注桩质量检验标准   表 3-5

项目	序号	检查项目		允许偏差或允许值		检查方法
				单位	数值	
主控项目	1	桩位	1～3 根，单排桩基垂至于中心线方向和群桩基础的边桩	mm（$D<1000$）	$D/6$，且不大于 100	基坑开挖前量护筒，开挖后量桩中心
				mm（D 大于 1000）	$100+0.01H$	
			条形桩基沿中心线方向和群桩基础的中心桩	mm（$D<1000$）	$D/4$，且不大于 150	
				mm（D 大于 1000）	$150+0.01H$	

项目	序号	检查项目	允许偏差或允许值		检查方法
			单位	数值	
主控项目	2	孔深	mm	+300	只深不浅,用重锤测,或测钻杆、全护筒长度,嵌岩桩应确保进入设计要求的嵌岩深度
	3	桩体质量检验	按基桩检测技术规范。如钻芯取样,大直径嵌岩桩应钻至尖下50cm		按基桩检测技术规范
	4	混凝土强度	设计要求		试件报告或钻芯取样送检
	5	承载力	按基桩检测技术规范		按基桩检测技术规范
一般项目	1	垂直度	小于1%		测全护筒或钻杆,或用超声波检测,干施工时吊垂球
	2	桩径	±50mm		井径仪或超声波检测,干施工时用钢尺量
	3	泥浆比重(黏土或砂性土中)	1.15~1.20		用比重计测,清孔后在距孔底50cm处取样
	4	泥浆面标高(高于地下水位)	m	0.5~1.0	目测
	5	沉渣厚度:端承桩摩擦桩	mm mm	≤50 ≤150	用沉渣仪或重锤测量
	6	混凝土坍落度:水下灌注干施工	mm mm	160~220 70~100	坍落度仪
	7	钢筋笼安装深度	mm	±100	用钢尺量
	8	混凝土充盈系数	>1		检查每根桩的实际灌注量
	9	桩顶标高	mm	+30 -50	水准仪,需扣除桩顶浮浆层及劣质桩体

第四章 预制管桩（静压、锤击）施工工艺标准

1 锤击预制管桩施工

1.1 编制依据

编制依据见表 4-1。

编制依据

表 4-1

序号	名称	备注
1	《工程测量规范》	GB 50026—2016
2	《建筑地基基础设计规范》	GB 50007—2011
3	《建筑地基基础工程施工质量验收规范》	GB 50202—2013
4	《建筑基桩检测技术规范》	JGJ 106—2014
5	《建筑桩基技术规范》	JGJ 94—2008
6	《热强钢焊条》	GB/T 5118—2012
7	《焊接工艺规程及评定的一般原则》	GB/T 19866—2005

1.2 施工准备

1.2.1 技术准备

编制专项施工方案并进行交底；

对进场管桩进行外观检测，观测管桩的桩头是否完整无缺、观察桩身是否完好无裂纹、测量桩头及桩长是否与报告一致等。检查接桩采用的焊材质量规格是否符合设计及规范要求，并提供焊材出厂合格证及质量证明文件。

1.2.2 机具准备

（1）机械设备：HD-62 型柴油锤桩机、吊车、电焊机等。

（2）主要工具：经纬仪、水准仪、吊线架、卷尺等。

1.2.3 作业条件准备

场地三通一平完成；

场内桩机行走路线地基处理完成，如遇淤泥质土底层采用换填砖渣方式对基底进行处理，工作面要求 11m×4m；

当地有关部门要求办理的各种证件手续齐全。

1.3 工艺流程

工艺流程见图 4-1。

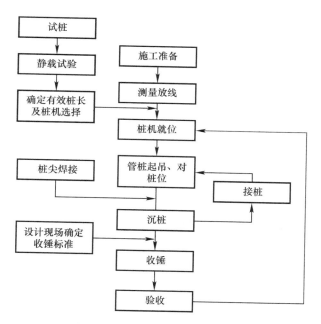

图 4-1 预制管桩施工工艺流程

1.4 施工要点

1.4.1 施工准备

施工要点：场地表面应平整，排水应畅通，并满足施打桩机所需要的地面承载力，如遇淤泥质土底层换填砖渣，如图 4-2 所示。

1.4.2 测量放线

施工要点：测放桩位偏差不得大于 20mm；并在场地醒目位置设置水准点，数量不宜少于 3 个，标明轴线号，如图 4-3 所示。

图 4-2 平整场地

图 4-3 标记桩位

1.4.3 桩机就位

施工要点：对准桩位，桩帽与桩周边应留 5～10mm 的间隙，锤与桩帽、桩帽与桩顶之间应有相应的弹性衬垫，一般采用麻袋、纸皮或木砧等衬垫材料，如图 4-4 所示。

1.4.4 管桩起吊、对桩位

施工要点：先拴好吊桩的钢丝绳及索具，然后应用索具捆绑住桩上端约 50cm 处，起动机器起吊预制桩，使桩尖对准桩位中心，插桩必须正直，其垂直度偏差不得超过 0.5%，如图 4-5 所示。

图 4-4 桩机就位　　　　图 4-5 起吊管桩、对桩位

1.4.5 桩尖焊接

施工要点：施焊面应清刷干净，对称施焊，电流适中，焊缝密实饱满，不得有施工缺陷如咬边、夹渣等，施焊完毕需自然冷却不少于 8min 后方可施打，如图 4-6 所示。

图 4-6 桩尖焊接

1.4.6 沉桩

施工要点：打桩时，宜重锤低击，经纬仪纵横双向校正，打桩顺序需遵循"中间向四周、先深后浅、先长后短、先近后远"原则进行施打，如图 4-7 所示。

图 4-7　沉桩

1.4.7　接桩

施工要点：采用焊接接桩，沿圆周对称点焊六处固定，再分层对称施焊，每层焊缝的接头应错开。接桩一般在距地面 0.5～1m 进行。上下节桩错位偏差不得大于 2mm，节点弯曲矢高不得大于 1‰桩长，如图 4-8 所示。

1.4.8　收锤及验收

施工要点：当桩的打入深度和贯入度达到设计要求时。一般以要求最后三次十锤的平均贯入度不大于 20mm/10 击，并且三次十锤的贯入度不能递增，符合设计要求后，方可收锤，移动桩机，如图 4-9 所示。

图 4-8　接桩　　　图 4-9　测定贯入度

1.5　质量控制要点及检验标准

管桩基础地工程桩成桩质量检查包括桩身垂直度、桩顶标高、桩身质量，应符合下列规定：

桩身垂直度允许偏差为 1/1000；

截桩后的桩顶标高允许偏差为 ±10mm；

桩顶平面位置偏差应符合表 4-2 的规定。

桩顶平面位置允许偏差 表 4-2

项目		允许偏差（mm）
柱下单桩		80
单排或双排桩条形桩基	1. 垂直于条形桩基纵向轴的桩 2. 行于条形桩基纵向轴的桩	100 150
承台桩数为 2～4 根的桩		100
承台桩数为 5～16 根的桩	周边桩 中间桩	100 $d/3$ 或 150 两者中最大
承台桩数多于 16 根的桩	周边桩 中间桩	150 $d/2$

预制管桩检测要求：采用低应变法进行桩身完整性检测和静载试验进行单桩竖向抗压承载力检测，完整性检测数量不应少于总桩数的 20％，静载试验抽验数量不应少于总桩数的 1％且不少于 3 根，当总数在 50 根以内时，不得少于 2 根。由于广东省各个区域检测要求不一致，有些区域检测数量远大于上述规范，因此具体检测数量及要求要根据当地文件确定。对于竖向抗拔承载力有设计要求的管桩，应进行单桩竖向抗拔静载试验，试验数量不应少于总桩数的 1％，且不得少于 3 根。其中静载试验一台设备 1 天可以检测 1 根，进出场时间总共需 2 天；低应变检测一天预计检测 150 根左右。

2 静压预制管桩施工

2.1 编制依据

编制依据见表 4-3。

编制依据 表 4-3

序号	名称	备注
1	《工程测量规范》	GB 50026—2016
2	《建筑地基基础设计规范》	GB 50007—2011
3	《建筑地基基础工程施工质量验收规范》	GB 50202—2013
4	《建筑基桩检测技术规范》	JGJ 106—2014
5	《建筑桩基技术规范》	JGJ 94—2008
6	《热强钢焊条》	GB/T 5118—2012
7	《焊接工艺规程及评定的一般原则》	GB/T 19866—2005

2.2 施工准备

2.2.1 技术准备

编制专项施工方案并进行交底；

对进场管桩进行外观检测，观测管桩的桩头是否完整无缺、观察桩身是否完好无裂纹、测量桩头及桩长是否与报告一致等。检查接桩采用的焊材质量规格是否符合设计及规范要求，并提供焊材出厂合格证及质量证明文件。

2.2.2 机具准备

（1）机械设备：ZYJ600 压桩机、吊车、电焊机等；

（2）主要工具：全站仪、经纬仪、水准仪、吊线架、卷尺等。

2.2.3 作业条件准备

场地三通一平完成；

场内桩机行走路线地基处理完成，如遇淤泥质土底层采用换填砖渣方式对基底进行处理，工作面要求 11m×9m；

当地有关部门要求办理的各种证件手续齐全。

2.3 工艺流程

工艺流程见图 4-10。

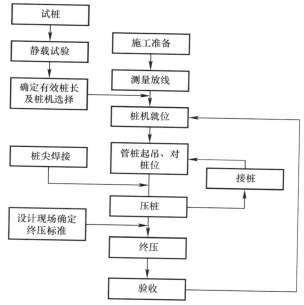

图 4-10　静压预制管桩施工工艺流程

2.4 施工要点

2.4.1 施工准备

施工要点：场地表面应平整，排水应畅通，并满足施打桩机所需要的地面承载力，如遇淤泥质土底层换填砖渣，如图 4-11 所示。

2.4.2 测量放线

施工要点：测放桩位偏差不得大于 20mm；并在场地醒目位置设置水准点，数量不宜少于 3 个，并用木桩和钢筋头固定坐标、轴线和桩点，标明轴线号，如图 4-12 所示。

2.4.3 桩机就位

施工要点：根据设计的单桩承载力要求选择压桩机，其配重应平衡配置于平台上。压桩机就位时对准桩位，启动平台支腿油缸，校正平台。启动门架支撑油缸，使门架作微倾 15°，以便吊插管桩，如图 4-13 所示。

图 4-11　平整场地

图 4-12　标记桩位

图 4-13　桩机就位

2.4.4　吊桩插桩

施工要点：利用桩机自身起重机按编号顺序吊桩就位。第一节管桩插入地下时，保持位置及方向正确。若有偏差应及时纠正，必要时要拔出重压。用经纬仪进行监控桩身垂直度，如图 4-14、图 4-15 所示。

图 4-14　吊桩

图 4-15　插桩

2.4.5　压桩

施工要点：桩的纵横双向垂直偏差不超过 0.5%，然后启动压桩油缸，把桩徐徐压下；控制施压速度，一般不宜超过 1m/min，每一根桩应一次连续压到底，中间不得无故停歇，如图 4-16 所示。

2.4.6　接桩

施工要点：采用焊接接桩，沿圆周对称点焊六处固定，再分层对称施焊，每层焊缝的接头应错开。接桩一般在距地面 0.5～1m 进行。上下节桩错位偏差不得大于 2mm，最后一节有效桩长不宜小于 5m，如图 4-17 所示。

图 4-16　压桩

图 4-17　接桩

2.4.7　终压

施工要点：对于按桩长控制的摩擦型静压桩，应按设计桩长进行终压控制，终压力值作参考；对于选择持力层的端承摩擦桩或摩擦端承桩，除持力层作为定性控制外，终压标准可按桩入土深度进行控制。测定并记录最后各次稳压时的贯入度，如图 4-18 所示。

2.4.8　验收

施工要点：打桩时应由专职记录员做好施工记录。开始打桩时，应记录每沉落 1m 的油压表压力值。当下沉接近设计标高或稳压终压力值时，应记录最后三次稳压时的贯入度，如图 4-19 所示。

图 4-18　测定贯入度

图 4-19　验收

2.5　质量控制要点及检验标准

管桩基础地工程桩成桩质量检查包括桩身垂直度、桩顶标高、桩身质量，应符合下列规定：

桩身垂直度允许偏差为 1/1000；

截桩后的桩顶标高允许偏差为 ±10mm；

桩顶平面位置偏差应符合表 4-4 的规定：

桩顶平面位置允许偏差 　　　　　　　　　　　　　　　　表 4-4

项目		允许偏差（mm）
柱下单桩		80
单排或双排桩条形桩基	1. 垂直于条形桩基纵向轴的桩 2. 行于条形桩基纵向轴的桩	100 150
承台桩数为 2～4 根的桩		100
承台桩数为 5～16 根的桩	周边桩 中间桩	100 $d/3$ 或 150 两者中最大
承台桩数多于 16 根的桩	周边桩 中间桩	150 $d/2$

预制管桩检测要求：采用低应变法进行桩身完整性检测和静载试验进行单桩竖向抗压承载力检测，完整性检测数量不应少于总桩数的 20%，静载试验抽验数量不应少于总桩数的 1% 且不少于 3 根，当总数在 50 根以内时，不得少于 2 根。由于广东省各个区域检测要求不一致，有些区域检测数量远大于上述规范，因此具体检测数量及要求要根据当地文件确定。对于竖向抗拔承载力有设计要求的管桩，应进行单桩竖向抗拔静载试验，试验数量不应少于总桩数的 1%，且不得少于 3 根。其中静载试验一台设备 1 天可以检测 1 根，进出场时间总共需 2 天；低应变检测一天预计检测 150 根左右。

第五章　人工挖孔桩（墩基础）施工工艺标准

1　编制依据

编制依据见表 5-1。

编制依据

表 5-1

序号	名称	备注
1	《建筑桩基技术规范》	JGJ 94—2008
2	《建筑地基基础工程施工质量验收规范》	GB 50202—2013
3	《建筑工程施工质量验收统一标准》	GB 50300—2002
4	《建筑机械使用安全技术规程》	JGJ 33—2012

2　施工准备

2.1　技术准备

核对图纸中的坐标，轴线、水平基点布设合理，轴线放样和标高测量满足施工要求；

认真研究地勘报告，桩位超前钻资料，分析地质情况对可能出现的流砂、流泥及有害气体等情况，应制定针对性的安全措施，并配置相应物资；

人工挖孔桩属于危险性较大工程，超过 16m 需要专家论证，若有超过 16m 的桩，需准备专家论证材料。

2.2　物资准备

规划好护壁模板、水泥、砂、石子、钢筋等材料的堆放场地和加工场地，并掌握好护壁混凝土的配合比；

配合施工所需的设备仪器，人工挖孔桩施工所使用到的设备仪器主要有塔吊、钢筋制作机械、混凝土浇筑机械、搅拌机、插入式振捣棒、挖土机、卷扬机和提土桶、潜水泵、空气压缩机、风镐、风钻、鼓风机、简易机械式起重架、软梯等。

3　工艺流程

工艺流程见图 5-1。

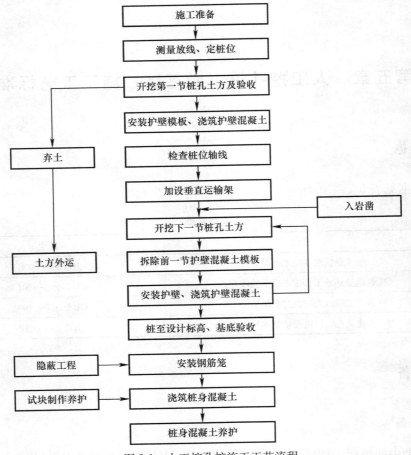

图 5-1 人工挖孔桩施工工艺流程

4 施工要点

4.1 测量放线、定点开挖

施工要点:测量、确定桩位线、复查、开挖,如图 5-2 所示。

图 5-2 定点开挖

4.2 第一节桩孔施工

施工要点：控制孔径、垂直度、坍落度，如图 5-3 所示。

图 5-3　第一节桩孔施工效果图

4.3 架设垂直运输架

施工要点：搭设稳定、牢固，如图 5-4 所示。

图 5-4　垂直运输架

4.4 安装电动葫芦或卷扬机

施工要点：安装电动葫芦或卷扬机，并配置自动卡紧装置，如图 5-5 所示。

图 5-5　电动葫芦与卷扬机

4.5 桩身开挖

施工要点：从第二节开始，用铁锹、风镐、配合静爆＋引孔挖土，利用提升设备运土，达到指定岩层后验孔，如图 5-6 所示。

图 5-6　桩身开挖

4.6 护壁施工

施工要点：护壁连续浇筑密实，护壁模板在混凝土浇筑 24h 后拆除。上下护壁之间的搭接长度为 50mm，如图 5-7、图 5-8 所示。

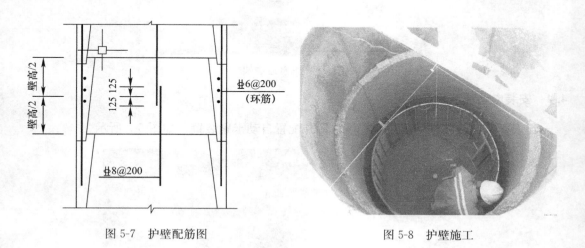

图 5-7　护壁配筋图　　　　　　　　　图 5-8　护壁施工

4.7 钢筋笼吊装

施工要点：成品吊装或孔内加工，如图 5-9、图 5-10 所示。

图 5-9　吊装成品钢筋笼

图 5-10　孔内加工钢筋笼

4.8　浇筑混凝土

施工要点：排水，连续浇筑，串筒浇筑，分层振捣密实，如图 5-11 所示。

图 5-11　串筒浇筑

5　质量控制要点及检验标准

5.1　控制要求

人工挖孔桩的孔径（不含护壁）不得小于 0.8m，且不宜大于 2.5m；孔深不宜大于 30m。当桩净距小于 2.5m 时，应采取间隔开挖。相邻排桩跳挖的最小施工净距不得小于 4.5m；

开孔前，桩位应准确定位放样，在桩位外设置定位基准桩，安装护壁模板必须用桩中心点矫正模板位置，并应由专人负责；

严格控制桩孔垂直度、中心位置、每节桩孔护壁做好后，必须将桩位轴线和标高测设在护壁上口然后用十字线对中，吊线锤向孔底投设，以半径尺杆检查孔壁垂直平整度，孔深以基准点为依据逐根引测，使孔壁圆弧保持上下垂直；

护壁的厚度、拉结钢筋、配筋、混凝土强度应均符合设计要求，一般护壁厚度不应小于100mm，混凝土强度等级不应低于桩身混凝土强度等级，并应振捣密实；

当土质较差时，为防止塌孔，开挖前应掌握现场土质错开桩位开挖，缩短每节高度，随时观察土体松动情况，必要时可在坍孔处用砖砌，钢板桩、木桩封堵；操作进程要紧凑，不留间隔空隙；

桩终孔要保证设计桩长、入岩深度及扩大头尺寸，桩孔挖至设计深度后，必须检查土质情况，桩底必须支撑在设计规定的持力层上；

在放钢筋笼前后均应认真检查孔底，清除杂物，必要时用水泥砂浆或混凝土封底；

开挖过程中孔底要挖集水井，及时下泵抽水。如有少量积水，浇筑混凝土时可对桩端及时采用低水混凝土封底；当渗水量过大时，应采取场地截水、降水或水下灌注混凝土等有效措施，严禁在桩孔中边抽水边开挖边灌注；

在浇筑混凝土前一定要做好操作技术交底，坚持分层浇筑、分层振捣、连续作业；

直径大于1m或单桩混凝土量超过25m³的桩，每根桩桩身混凝土应留有1组试件；直径不大于1m的桩或单桩混凝土量不超过25m³的桩，每个灌注台班不得少于1组试件；每组试件应留3件；

当支撑立柱与桩孔有冲突时，应与设计、业主、勘察等单位共同协商，改变桩孔位置，保证支撑立柱到桩边的距离控制在1.8m以上。

5.2 检验标准

5.2.1 灌注桩的平面位置和垂直度的允许偏差见表5-2。

灌注桩平面位置、垂直度允许偏差 　　　　　表5-2

序号	成孔方法		桩径允许偏差（mm）	垂直度允许偏差（%）	桩位允许偏差（mm）	
					1～3根、条形桩基沿垂直轴线方向和群桩基础边桩	条形桩基沿中心线方向和群桩基础中间桩
1	人工挖孔桩	混凝土护壁	±50	<0.5	50	150
		长钢套管护壁	±20	<1	100	200

5.2.2 混凝土灌注桩钢筋笼质量检验标准（mm）见表5-3。

灌注桩钢筋笼质量检验标准 　　　　　表5-3

序号	检查项目	允许偏差或允许值（mm）	检查方法
1	主筋间距	±10	用钢尺量
2	钢筋笼长度	±100	用钢尺量
3	箍筋间距	±20	用钢尺量
4	钢筋笼直径	±10	用钢尺量

5.2.3 混凝土灌注桩质量检验标准见表5-4。

项目	序号	检查项目	允许偏差		检查方法	检查时间及频数
			单位	数值		
主控项目	1	桩位	$D/6$，≤100		基坑开挖前量护筒，开挖后量桩中心，施工中，检查桩机平台水平，钻杆垂直度，钻头中心对中	钻机就位前复核护筒位置；开钻前复核钻机水平及垂直度
	2	孔深	mm	+300	只深不浅，用重锤测绳测，或测钻杆	终孔后测量，每工作班统计进尺
	3	桩体质量检验	大、小应变或钻芯取样		按基桩检测技术规范	委托检验
	4	混凝土强度	设计要求		试验报告或钻芯取样送检	委托试验检验
	5	承载力	按基桩检测技术规范		按基桩检测技术规范	委托检验
一般项目	1	垂直度	<1%		测钻杆，水平尺	每 4h 一次
	2	桩径	mm	±50	井径仪，负值为个别情况	终孔后
	3	泥浆比重	1.15～1.20		用比重计，清孔后在距孔底 500 处取样	浇筑混凝土前
	4	泥浆面标高	m	0.5～1.0	目测，高于地下水位	每 4h
	5	沉渣厚度	mm	≤50	用沉渣仪或重锤测。应是二次清孔后的结果	浇筑混凝土前
	6	水下灌注混凝土坍落度	mm	160～220	坍落度仪	浇筑过程中每桩不少于一次
	7	钢筋笼安装深度	mm	±100	用钢尺	安装后，浇筑混凝土过程中
	8	混凝土充盈系数	>1		检查每根桩的实际灌注量	浇筑完成后
	9	桩顶标高	mm	+30 -50	水准仪，需扣除桩顶浮浆及劣质桩体	浇筑时和破除桩顶浮浆后

第六章 抗拔锚杆施工工艺标准

1 普通锚杆施工

1.1 编制依据

编制依据见表 6-1。

编制依据 表 6-1

序号	名称	备注
1	《建筑地基基础设计规范》	GB 50007—2011
2	《建筑地基处理技术规范》	JGJ 79—2012
3	《岩土锚杆（索）技术规程》	CECS 22：2005
4	《建筑工程施工质量验收统一标准》	GB 50003—2011
5	工程施工图纸	

1.2 施工准备

1.2.1 现场准备

现场需先完成基础开挖施工，以免锚杆施工后，挖机无法进入施工区作业；

为防止锚杆钻机对地基扰动，以及泥浆、尘土对环境的影响，在锚杆施工前，先施打 100mm 厚 C15 底板垫层（图纸另有要求，应按图施工）；

根据施工平面布置图，做好施工现场临时设施布置，修建施工便道及排水沟，铺设临时施工的水、电线路。

1.2.2 技术准备

在进行锚杆施工前，应先熟悉现场环境，施工前对图纸进行会审和技术交底工作，认真领会设计图纸、会审和具体要求，合理选择施工用机械设备、机具和工艺方法；

施工前，根据业主提供的控制点、水准点和基准线，完成复核及建立现场控制网工作。经监理和业主认可后，方可用于施工。

1.2.3 材料准备

在施工前要认真检查水泥、钢筋、砂、防水材料（止水环、封堵材料）等原材料是否合格，并对原材料抽样检验，检验合格后方可允许使用；

各种机械设备、测量仪器均必须有质量检定合格证书，并确保工作状态良好；

按照材料计划，联系好生产厂家或供应商，签订合同，分批分期组织材料进场。所有的材料必须具有质保书、出厂合格证或原材料试验单，并经有关检验单位检验合格且经建设单位、设计单位及监理单位审批后方能进场使用。

1.2.4 设备准备

根据设计要求选择合适的机械设备，设备工作性能良。设备数量应根据施工部署及工期要求进行配置。机械设备清单见表 6-2。

机械设备清单   表 6-2

序号	设备名称	设备用途	设备功效/性能
1	锚杆钻机	锚杆钻孔	200m/台班
2	搅拌机	水泥砂浆制备	/
3	压力注浆机	注水泥砂浆	/

1.3 工艺流程

工艺流程见图 6-1。

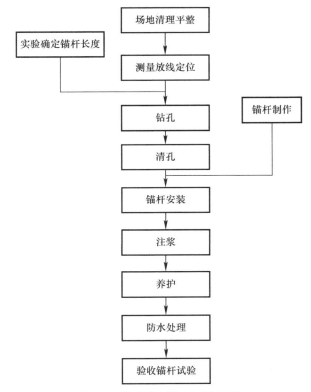

图 6-1 普通锚杆施工工艺流程

1.4 施工要点

1.4.1 场地清理平整

施工要点：机械平整，清除垃圾及杂物，铺设 100mm 厚 C15 底板垫层（图纸另有要求，应按图施工），如图 6-2 所示。

1.4.2 测量放线定位

施工要点：根据三级控制网测放锚杆孔位，并用醒目标志标识于垫层面，如图 6-3 所示。

图 6-2　清理场地　　　　　　　　　图 6-3　测放锚杆孔位

1.4.3　试验确定锚杆长度

施工要点：根据地勘报告、锚杆分布图合理划分施工区域，各先施工一组试验锚杆（3 根），达到固结龄期要求后，进行锚杆检测试验，确定长度，如图 6-4 所示。

1.4.4　钻孔

施工要点：按设计要求的孔径、孔深、岩芯采取率进行施工，并做好水文观测和原始记录。如果钻至设计深度仍没有进入岩层中要及时报告监理工程师、设计单位修整钻孔深度，如图 6-5 所示。

图 6-4　锚杆检测试验　　　　　　　　图 6-5　钻孔

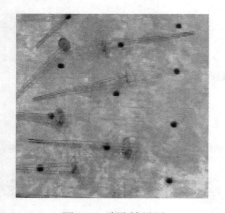

图 6-6　清孔效果图

1.4.5　清孔

施工要点：当成孔达到设计深度后，注浆前用高压水清孔，排出孔内沉渣，直至孔口返出较为干净的无大量沉渣的水为止。但需注意清孔时间不宜过长，以防塌孔影响拔管及注浆质量，如图 6-6 所示。

1.4.6　锚杆制作及安装

施工要点：制好的锚杆编号平放在干燥、清洁的工作台架上，要避免机械损坏，不得露天堆放，不能放在地上，不得沾染泥土、油污等。锚杆入孔时，可借助塔吊或汽车吊送锚，小心慢速送入孔内。在推送锚杆时，不得上下左右摇晃和转动。注浆胶管用铁丝牢固绑扎在锚杆上，与锚杆一起下入孔内，如图6-7、图6-8所示。

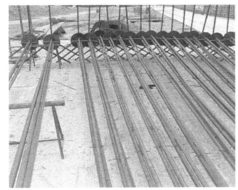

图6-7　存放锚杆　　　　　　　　　　　　图6-8　安装锚杆

1.4.7　注浆

施工要点：锚杆注浆采用二次灌浆法。一次灌浆时，采用M30水泥砂浆（水灰比为0.45）注浆。二次注浆采用纯水泥浆（水灰比0.5），注浆压力2.0～3.0MPa，如图6-9所示。

1.4.8　养护

施工要点：注浆结束后，特别是水泥砂浆初凝或终凝早期，不要碰撞锚杆钢筋杆体，也不要将孔口的钢筋弯曲或电焊烧接，并在孔口浇水湿养护，达到固结龄期后方可进行抗拔试验，如图6-10所示。

图6-9　注浆　　　　　　　　　　　　　　图6-10　养护

1.4.9　防水处理

施工要点：锚杆的防水处理有三种方式：①采用橡胶止水环＋水膨胀止水胶泥；②采用止水钢板；③采用水膨胀止水条，如图6-11所示。

1.4.10　验收锚杆试验

施工要点：试验数量不少于6根且不少于锚杆总数的5%。试验采用分级加载，不得少于8级。试验最大加载量不应少于锚杆承载力设计值的2倍，如图6-12所示。

图 6-11　锚杆防水处理

图 6-12　锚杆验收试验

1.5　质量控制要点及检验标准

1.5.1　原材料控制

严格把好原材料关，用于锚杆施工的原材料如钢筋、水泥、砂等，规格、品种、型号应符合设计要求，并要有材质检验或试验报告。按要求对钢筋、水泥、砂进行复检，合格后才能使用。砂浆用水应符合拌制砂浆的水质要求。灌注砂浆的配合比，必须通过试验确定并报监理工程师批准，在拌制过程中严格按照配合比计量控制。使用最大粒径小于2.5mm 中细砂，使用前必须过筛。

1.5.2　杆体钢筋质量控制

锚杆钢筋应尽长开料，如必须接驳时应采用机械连接，并满足同一连接区段接头率为25%；

底板工程施工过程中，特别是在钢筋工程的吊运、绑扎时，要注意应保护杆体的弯头，防止施工中对其破坏。

1.5.3　成孔质量控制

钻机必须安装牢固，钻孔定位准确、稳固，并在施工过程中及时测量观测，确保钻孔的方位和倾角符合要求。钻孔轴线倾斜不得大于孔深的 1%，截面尺寸必须满足设计要求，孔口平面位置与设计桩位在水平、垂直方向的误差不大于 100mm；

孔深不应小于设计值，也不宜大于设计值 500mm。确保设计的钻孔嵌岩深度，终孔深度须经监理工程师现场验收合格。钻孔终孔后，灌浆前必须清孔，清孔必须认真进行。

1.5.4 注浆质量控制

注浆应连续进行，提升拆卸导管所耗时间应严禁控制在 10min 左右，各岗人员须密切配合，严禁中途中断灌注作业；

锚杆灌浆时，在孔口出浆后方可将灌浆管逐步往外拨出，确保孔内水泥浆饱满，由于水泥浆凝固时会收缩，因此灌好浆的锚孔，一般在第二天需补灌。

1.5.5 检测要求

抗拔锚杆试验主要在灌浆后，浆体达到要求强度后实施。一般浆体灌注完成后 14d 可进行试验。

1.5.6 锚杆的质量检验

锚杆工程质量检验标准见表 6-3。

锚杆质量检验标准 表 6-3

项目	编号	检查项目		允许偏差或允许值	检查方法
主控项目	1	锚杆杆体长度（mm）		+100，−30	用钢尺量
	2	锚杆拉力特征值		$R_t = 570kN$	现场抗拔试验
一般项目	1	锚杆位置（mm）		±100	用钢尺量
	2	钻孔倾斜度（°）		±1	测斜仪等
	3	浆体强度		M30	试样送检
	4	注浆量		大于理论计算浆量	检查计量数据
	5	杆体插入长度	全长粘结型锚杆	不小于设计长度的 95%	用钢尺量

2 预应力锚杆施工

2.1 编制依据

编制依据见表 6-4。

编制依据 表 6-4

序号	名称	备注
1	《建筑地基基础设计规范》	GB 50007—2011
2	《建筑地基处理技术规范》	JGJ 79—2012
3	《岩土锚杆（索）技术规程》	CECS 22：2005
4	《岩土锚杆与喷射混凝土支护工程技术规范》	GB 50086—2015
5	《建筑工程施工质量验收统一标准》	GB 50003—2011
6	工程施工图纸	

2.2 施工准备

2.2.1 现场准备

为防止锚杆钻机对地基扰动，以及泥浆、尘土对环境的影响，在锚杆施工前，先施打 100mm 厚 C15 底板垫层（图纸另有要求，应按图施工）；

根据施工平面布置图，做好施工现场临时设施布置，修建施工便道及排水沟，铺设临时施工的水、电线路。

2.2.2 技术准备

在进行锚杆施工前，应先熟悉现场环境，施工前对图纸进行会审和技术交底工作，认真领会设计图纸、会审和具体要求，合理选择施工用机械设备、机具和工艺方法；

施工前，根据业主提供的控制点、水准点和基准线，完成复核及建立现场控制网工作。经监理和业主认可后，方可用于施工。

2.2.3 材料准备

在施工前要认真检查水泥、预应力钢绞线、砂、防水材料（封堵材料）等原材料是否合格，并对原材料抽样检验，检验合格后方可允许使用；

各种机械设备、测量仪器均必须有质量检定合格证书，并确保工作状态良好；

按照材料计划，联系好生产厂家或供应商，签订合同，分批分期组织材料进场。所有的材料必须具有质保书、出厂合格证或原材料试验单，并经有关检验单位检验合格且经建设单位、设计单位及监理单位审批后方能进场使用。

2.2.4 设备准备

根据设计要求选择合适的机械设备，设备工作性能良。设备数量应根据施工部署及工期要求进行配置。

机械设备清单见表 6-5。

机械设备清单   表 6-5

序号	设备名称	设备用途	设备功效/性能
1	锚杆钻机	锚杆钻孔	200m/台班
2	搅拌机	水泥砂浆制备	/
3	压力注浆机	注水泥砂浆	/
4	锚杆张拉机	锚杆张拉	/

2.3 工艺流程

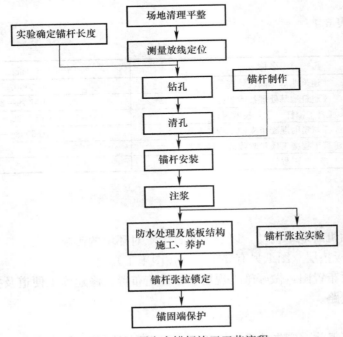

图 6-13 预应力锚杆施工工艺流程

2.4　施工要点

2.4.1　场地清理平整

施工要点：机械平整，清除垃圾及杂物，铺设 100mm 厚 C15 底板垫层（图纸另有要求，应按图施工），如图 6-14 所示。

2.4.2　测量放线定位

施工要点：根据三级控制网测放锚杆孔位，并用醒目标志标识于垫层面，如图 6-15 所示。

图 6-14　清理场地

图 6-15　测放锚杆孔位

2.4.3　试验确定锚杆长度

施工要点：根据地勘报告、锚杆分布图合理划分施工区域，各先施工一组试验锚杆（3 根），达到固结龄期要求后，进行锚杆检测试验，确定长度，如图 6-16 所示。

2.4.4　钻孔

施工要点：按设计要求的孔径、孔深、岩芯采取率进行施工，并做好水文观测和原始记录。如果钻至设计深度仍没有进入岩层中要及时报告监理工程师、设计单位修整钻孔深度，如图 6-17 所示。

图 6-16　锚杆检测试验

图 6-17　钻孔

2.4.5　清孔

施工要点：当成孔达到设计深度后，注浆前用高压水清孔，排出孔内沉渣，直至孔口返出较为干净的无大量沉渣的水为止。但需注意清孔时间不宜过长，以防塌孔影响拔管及注浆质量，如图 6-18 所示。

2.4.6　锚杆制作及安装

施工要点：锚杆采用设计要求规格的钢绞线制作，锚尾采用专用约束装置紧固。下锚时，可借助塔吊或汽车吊送锚，如图 6-19 所示。

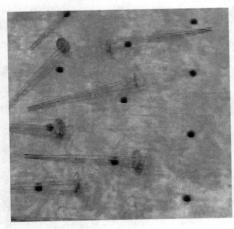

图 6-18　清孔　　　　　　　　图 6-19　锚杆样品

2.4.7　注浆

施工要点：锚杆注浆采用二次灌浆法。一次灌浆时，采用 M30 水泥砂浆（水灰比为 0.45）注浆。二次注浆采用纯水泥浆（水灰比 0.5），注浆压力 2.0～3.0MPa，如图 6-20 所示。

图 6-20　注浆

2.4.8　防水处理、底板结构施工及养护

施工要点：底板施工前，先装好波纹管，管底嵌入垫层 5cm。底板防水应上返波纹管底部不小于 10cm。进行底板浇筑时，应用模板在锚杆周围支设小坑槽，防止波纹管被破坏，如图 6-21、图 6-22 所示。

<table>
<tr><td>图 6-21　防水处理</td><td>图 6-22　浇筑底板</td></tr>
</table>

图 6-21　防水处理　　　　　图 6-22　浇筑底板

2.4.9　锚杆张拉锁定

施工要点：待底板混凝土浇筑，并达到设计强度要求等级的 75% 后，进行锚杆张拉。待锚索锁定后，使用砂轮机切除多余的钢绞线，锚具外留存 10cm，如图 6-23 所示。

2.4.10　锚固端保护

施工要点：锚杆张拉锁定后，锚杆头外露钢绞线采用防腐树脂、砂浆封闭，承压板用防锈漆及沥青材料涂刷来进行防锈、防腐处理，再用 C40 混凝土进行封闭锚头。预埋于底板段钢套管内采用强度高于底板混凝土标号一级的细石混凝土（内掺防水剂及膨胀剂）浇灌，如图 6-24 所示。

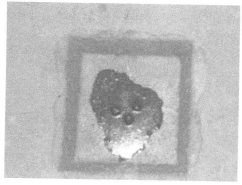

图 6-23　锚杆张拉锁定　　　　　图 6-24　锚固端效果图

2.5　质量控制要求及检验标准

2.5.1　原材料控制

严格把好原材料关，用于锚杆施工的原材料如钢绞线、水泥、砂等，规格、品种、型号应符合设计要求，并要有材质检验或试验报告。按要求对钢筋、水泥、砂进行复检，合格后才能使用。砂浆用水应符合拌制砂浆的水质要求。灌注砂浆的配合比，必须通过试验确定并报监理工程师批准，在拌制过程中严格按照配合比计量控制。使用最大粒径小于 2.5mm 中细砂，使用前必须过筛。

2.5.2　锚杆杆体质量控制

锚杆按间距 1～2m 安装定位中心支架，以使钢绞线保持平衡，保证锚杆在锚孔中心；

底板工程施工过程中，特别是在钢筋工程的吊运、绑扎时，要注意应保护杆体的弯头，防止施工中对其破坏。

2.5.3 成孔质量控制

钻机必须安装牢固、钻孔定位准确、稳固，并在施工过程中及时测量观测，确保钻孔的方位和倾角符合要求。钻孔轴线倾斜不得大于孔深的1%，截面尺寸必须满足设计要求，孔口平面位置与设计桩位在水平、垂直方向的误差不大于100mm；

孔深不应小于设计值，也不宜大于设计值500mm。确保设计的钻孔嵌岩深度，终孔深度须经监理工程师现场验收合格。钻孔终孔后，灌浆前必须清孔，清孔必须认真进行。

2.5.4 注浆质量控制

第一次注浆：采用常压注浆，水泥浆通过第一次注浆管注入孔内，直到水泥砂浆流出孔口为止，并记录注浆量；

第二次注浆：待第一次注浆浆体达到初凝强度（5MPa）后，即可开始第二次高压注浆，通长第二次注浆距第一次间隔为6～10h，二次注浆的时差可根据注浆工艺通过试验确定。为了提高浆体的早期强度，可以考虑加入适量的外掺剂，起到早强及膨胀作用。

2.5.5 张拉及锁定

对于预应力锚杆，需要底板强度达到设计要求（一般为设计强度的75%）后，方可进行张拉锁定。采用二次张拉法，第一次控制值在10%～20%，用单锚机对称张拉，压稳锚座、承压板，拉紧钢绞线，第二次全锚锁定，即对所有钢绞线同步张拉、锁定。

张拉原则：升荷速率每分钟不宜超过设计应力的10%，卸荷速率每分钟不宜超过设计应力的20%，最后锁定至锁定荷载，并作好记录。张拉顺序采用单根张拉千斤顶间隔对称分序张拉。

第七章 基坑换撑及内支撑拆除施工工艺标准

1 切割拆除

1.1 编制依据

编制依据见表 7-1。

编制依据
表 7-1

序号	名称	备注
1	《建筑机械使用安全技术规程》	JGJ 33—2012
2	《建筑施工高处作业安全技术规范》	JGJ 80—2016
3	《混凝土结构工程施工质量验收规范》	GB 50204—2015
4	《施工现场临时用电安全技术规范》	JGJ 46—2005
5	《建设工程施工现场供用电安全规范》	GB 50194—2014
6	《建筑施工安全检查标准》	JGJ 59—2011
7	《建筑基坑工程监测技术规范》	GB 50497—2009

1.2 施工准备

1.2.1 技术准备

施工前要根据现场实际情况,编制专项施工方案,按程序组织专家论证及报批手续后方可施工;

核对图纸,确定支撑结构与主体结构的标高关系;

组织人员安全技术交底。

1.2.2 机具准备

（1）机械设备：绳锯切割机、水钻机、叉车、运输车、吊车、风镐、葫芦等。

（2）主要工具：托线板、靠尺、卷尺等。

1.2.3 作业条件准备

切割耗水量较大,现场需临时准备较多的水管接至基坑;

配置足够的机械设备,包括切割机、水钻机、叉车、运输车、吊车、风镐、葫芦等。

1.3 工艺流程

1.3.1 内支撑拆除施工工艺总流程（图 7-1）

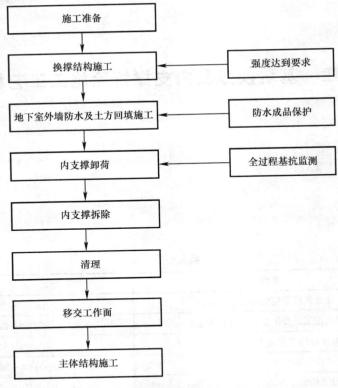

图 7-1 内支撑拆除施工工艺流程

1.3.2 基坑换撑施工工艺流程

基坑换撑是指通过结构构件将基坑围护结构的荷载从内支撑转换至地下室主体结构，并进行地下室外墙土方回填。常见的换撑结构有换撑板、换撑梁。基坑换撑完成后，可拆除内支撑，基坑换撑施工内容包括换撑结构施工、后浇带等施工缝传力带施工、地下室侧墙土方回填。工艺流程见图 7-2、图 7-3。

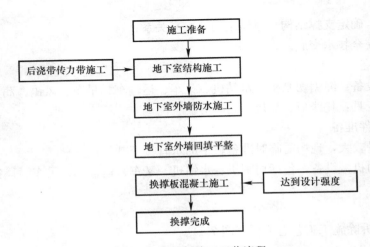

图 7-2 换撑板施工工艺流程

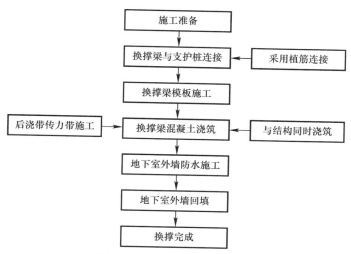

图 7-3　换撑梁施工工艺流程

绳锯切割是指采用金刚砂链条将钢筋混凝土内支撑梁切割成块状，然后再向外运输，基本适用于所有钢筋混凝土内支撑，部分内支撑在基坑角部或中部位置有加腋板，加腋板一般都会挡住墙柱钢筋，造成钢筋无法施工，可提前拆除。工艺流程见图 7-4。

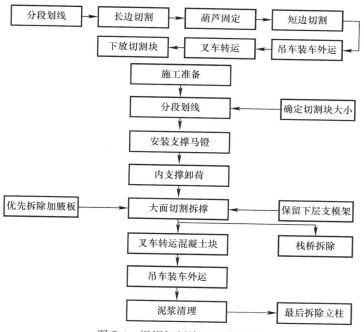

图 7-4　绳锯切割施工工艺流程

1.4　施工要点

1.4.1　换撑板拆除施工要点

（1）保证回填土压实度

施工要点：该换撑方式，回填土需参与主体结构和基坑支护之间荷载传递，施工过程需保证回填土的压实度。

（2）回填土表面修整

施工要点：回填土表面必须经过人工修整，保证标高及平整度，以确保换撑板的截面厚度。

（3）保证混凝土强度

施工要点：换撑板到达设计强度后方可进行内支撑拆除施工。

（4）按顺序施工

施工要点：将构件编号按顺序进行换撑板及内支撑拆除施工，如图7-5所示。

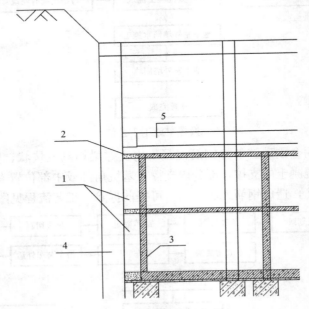

图7-5　换撑板基本内容

1—基坑支护；2—换撑板；3—地下室外墙；4—钢筋混凝土内支撑；5—楼板

1.4.2　换撑梁拆除施工工艺

（1）保证换撑质量及平整度

施工要点：应确保换撑梁在支护桩上的植筋质量，并且确保换撑梁的平整度，避免换撑梁某一边下沉，如图7-6、图7-7所示。

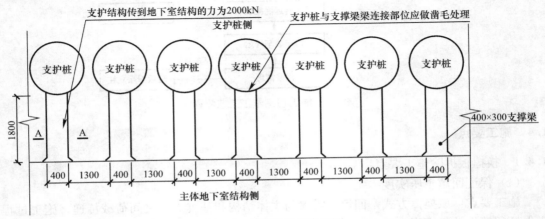

图7-6　支撑梁平面布置图

（2）地下室外墙回填

施工要点：地下室外墙回填在每层的换撑结构施工完成后进行，优先选用砂质土，砂土通过串通向下回填，便于运输、回填和夯实，如图7-8所示。

图 7-7　支撑梁　　　　　　　　　图 7-8　回填地下室外墙

（3）楼板后浇带传力构件设置

施工要点：楼板后浇带是结构传力的薄弱点，需根据设计要求在其内设置有效的传力构件，可采用工字钢进行传力，加强结构整体性和侧向抗压性能。同时车道及预留洞口（如塔吊、吊料口等）应遵循设计要求，设置传力构件，如图7-9、图7-10所示。

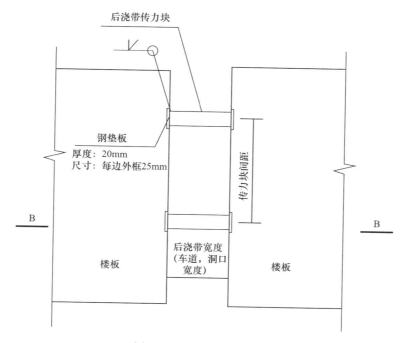

图 7-9　后浇带平面布置图

1.4.3　绳锯切割施工要点

（1）绘制切割顺序图并编号

施工要点：施工前应根据楼板承载能力计算单个切割块的总重量，确定切割块的尺寸。所有支撑梁在切割施工前，均需进行分段划线标识，根据不同支撑梁的截面，列出分割长度，并采用红油漆进行标识，如图 7-11 所示。

图 7-10　后浇带施工　　　　　　　　图 7-11　分段标识

（2）支撑梁马镫支设

施工要点：根据划线的位置，采用马镫将支撑梁垫起，每个切割块应至少有两个支撑点。可根据支撑梁与楼板的距离，采用不同的支撑方式。见图 7-12。

图 7-12　支设马镫

（3）加腋板拆除

施工要点：加腋板即影响竖向钢筋施工，又拆除困难、耗时较长，应提前予以拆除。但应与设计单位联系，确定是否可提前拆除。加腋板拆除安全风险较高，施工过程应严格监督。见图 7-13。

（4）卸荷

施工要点：内支撑卸荷是大面切割前重要一步，采用化学药剂静态破碎卸荷。施工前需先通孔，对静爆区域的支撑梁的保护层进行人工打凿直至漏出箍筋，并把该静爆段的梁箍筋切断。卸荷部位选择在支撑梁与竖向支护的连接位置。见图 7-14。

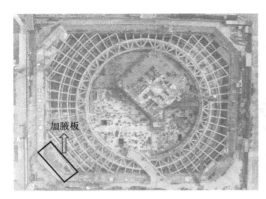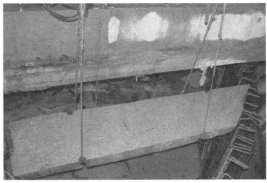

加腋板

图 7-13　加腋板

图 7-14　卸荷效果图

（5）沉降观测

施工要点：卸荷实施前应要求监测单位增加监测频率，同时项目也应组织基坑支护位移监测。

（6）连接钢立柱与结构

施工要点：内支撑钢立柱与结构应固结。每道内支撑拆除后，钢立柱长细比增大，易失稳，立柱应与结构浇筑为一体，采用楼板约束立柱，保持其长细比不变，如图 7-15、图 7-16 所示。

（7）混凝土切割

严格按照划线位置切缝；切缝宜采用倒八字形，方便叉车向上取出切割块，如图 7-17 所示。

（8）混凝土块外运

施工要点：混凝土块在外运的过程中，应注意以下几点：叉车行走路线上，需铺钢板；叉车避免在后浇带上穿越；切割块绑钩时，应对棱角进行磨平或垫物，防止磨损钢丝绳，如图 7-18 所示。

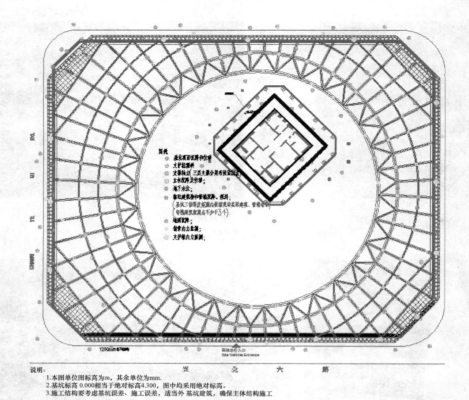

说明:
1.本图单位图标高为m,其余单位为mm.
2.基坑标高 0.000相当于绝对标高4.300,图中均采用绝对标高.
3.施工结构要考虑基坑误差、施工误差,适当外基坑建筑,确保主体结构施工

图 7-15　监测平面布置图

图 7-16　钢立柱与结构连接效果图

图 7-17　切割混凝土

图 7-18　混凝土块外运

1.5　质量控制要点及检验标准

应先拆连系梁，后拆主梁。拆除应对此进行，以保持基坑受力均匀性。

由于内支撑拆除后每块混凝土块都在放置在楼板上，故应对楼板承载力进行复核。

当墙柱钢筋被支撑梁挡住时，接头位置和接头率不符合设计要求，接头位置需询问设计处理。接头采用一级机械接头进行连接，理论上可进行 100％接头连接。

换撑结构防水施工至外墙以外 200mm 的区域，防水施工要求与外墙防水要求一致。

内支撑梁划线分割严格按照方案要求执行，防止超载；内支撑拆除层以下必须保留支模架，保证楼板承载力。

楼板泥浆和污染的钢筋必须冲洗干净。

静爆施工前，需先对预留孔洞进行通孔处理用钻孔机进行复钻孔，钻孔时先将梁表面混凝土保护层凿除，露出主筋，钻孔成梅花桩布置，间距为梁宽的一半，孔径为 42mm，孔深为梁高的 2/3，不能钻穿。

内支撑拆除属于危险性较大工程，拆除前应按设计要求进行换撑施工和现场施工缝处理，将内支撑荷载有效传递至已完成的主体结构。

相关设备参数见表 7-2。

相关设备参数表　　　　　　　　　　表 7-2

序号	设备/材料	工效	用途
1	金刚石链条锯	40～60 分钟/断面每平方米	切梁
2	钻孔机	20min/m	钻孔
3	碟片切割机	40～60 分钟/断面每平方米	切板
4	运输	270t/d	
5	静态破碎剂	作用时间：平均 6h	

2　静爆拆除

2.1　编制依据

编制依据见表 7-3。

序号	名称	备注
1	《建筑机械使用安全技术规程》	JGJ 33—2012
2	《建筑施工高处作业安全技术规范》	JGJ 80—2016
3	《混凝土结构工程施工质量验收规范》	GB 50204—2015
4	《施工现场临时用电安全技术规范》	JGJ 46—2005
5	《建设工程施工现场供用电安全规范》	GB 50194—2014
6	《建筑施工安全检查标准》	JGJ 59—2011
7	《建筑基坑工程监测技术规范》	GB 50497—2009

2.2 施工准备

2.2.1 技术准备

施工前要根据现场实际情况，编制专项施工方案，按程序组织专家论证及报批手续后方可施工；

核对图纸，确定支撑结构与主体结构的标高关系；

组织人员安全技术交底。

2.2.2 机具准备

(1) 机械设备：运输车、吊车、风镐、空压机、葫芦等。

(2) 主要工具：气割机、铁锹、卷尺等。

2.2.3 作业条件准备

切割耗水量较大，现场需临时准备较多的水管接至基坑；

配置足够的机械设备，包括切割机、水钻机、叉车、运输车、吊车、风镐、葫芦等。

2.3 工艺流程

2.3.1 内支撑拆除施工工艺总流程（图 7-19）

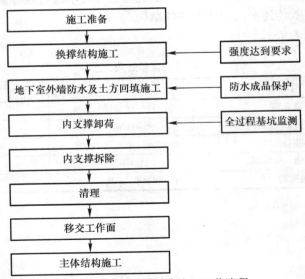

图 7-19　内支撑拆除施工工艺流程

2.3.2 基坑换撑施工工艺流程

基坑换撑施工工艺同"第一部分切割拆除"内换撑施工。

2.3.3 静爆拆除

静爆拆除就是利用破碎剂的膨胀压（约 $50\sim60\text{N/mm}^2$），将混凝土胀裂，并互相贯通，达到破碎之目的。工艺流程见图 7-20。

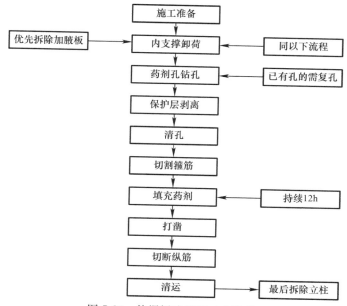

图 7-20 静爆拆除施工工艺流程

2.4 施工要点

2.4.1 卸荷

施工要点：内支撑卸荷是大面拆除前重要一步，采用化学药剂静态破碎卸荷。施工对静爆区域的支撑梁的保护层进行人工打凿直至漏出箍筋，并把该静爆段的梁箍筋切断。卸荷部位选择在支撑梁与竖向支护的连接位置。分区分段拆除时，应对称卸荷，如图 7-21 所示。

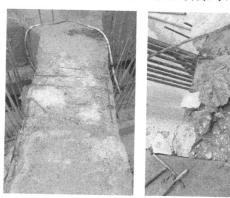

图 7-21 卸荷效果图

2.4.2 孔洞复核及用药

施工要点：对孔洞直径和间距符合药剂的要求，膨胀剂注入后应按药剂要求维持足够时间，保证膨胀破碎效果，如图 7-22 所示。

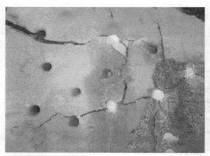

图 7-22　膨胀剂注孔

2.4.3　脚手架支撑

施工要点：支撑梁采用满堂脚手架进行支撑，如图 7-23 所示。

图 7-23　脚手架支撑

2.4.4　混凝土打凿

施工要点：由于钢筋与混凝土粘结力还在，破碎后还需人工进行二次破碎清凿。高处打凿支撑梁应搭设操作架，确保作业人员安全，如图 7-24 所示。

图 7-24　清凿混凝土

2.5　质量控制要点及检验标准

2.5.1　破碎剂型号的选择

在施工中，要根据施工期间的气温或工作环境温度选择无声破碎剂型号。当气温超过35℃时，要在下午 5 时～6 时或早上 6 时～7 时灌孔。结合本工程的拆除施工时间，选用无声破碎剂Ⅱ型进行试验。无声破碎剂清单见表 7-4。

无声破碎剂清单

表 7-4

型号	使用温度范围	使用季节
无声破碎剂 I	20～35℃	夏季用
无声破碎剂 II	10～25℃	春秋用
无声破碎剂 III	5～15℃	冬季用
无声破碎剂 IV	−5～8℃	寒冬用

2.5.2 破碎剂使用量估算方法

（1）无声破碎剂的比重和每立方米浆体中无声破碎剂重量 K，见表 7-5。

破碎剂比重及浆体容重

表 7-5

无声破碎剂型号	比重（g·cm⁻³）	水灰比	K（kg·m⁻³）
无声破碎剂 I、II	3.19	0.33	1540
无声破碎剂 III、IV	3.28	0.33	1650

（2）破碎剂用量 $Q=R2LK$

式中　Q——每米钻孔的无声破碎剂理论用量，kg/m^3；

R——钻孔半径，m；

L——钻孔深度，m；

K——每立方米无声破碎剂浆体中无声破碎剂用量，kg/m^3。

当钻孔直径不同和使用破碎剂型号不同时，可算出每米钻孔的无声破碎剂使用量，见表 7-6。

每 m 钻孔的无声破碎剂使用量表

表 7-6

使用量（kg/m³）　　型号	钻孔直径（mm）								
	28	30	32	34	36	38	40	42	46
破碎剂 I、II	0.95	1.09	1.24	1.40	1.57	1.75	1.94	2.13	2.56
破碎剂 III、IV	1.00	1.17	1.33	1.50	1.68	1.87	2.07	2.29	2.74

2.5.3 破碎剂质量检查

破碎剂用塑料袋包装，只要不受潮，存放一年左右不会变质。在现场可用如下试验法鉴别：取 200g 无声破碎剂与 60mL 水拌成浆体，灌入 100mL 玻璃瓶中，在相应温度下，经 8～24h 玻璃瓶破裂，则此无声破碎剂没有失效，可以继续使用。

当墙柱钢筋被支撑梁挡住时，接头位置和接头率不符合设计要求，接头位置需询问设计处理。接头采用一级机械接头进行连接，理论上可进行 100% 接头连接。

换撑结构防水施工至外墙以外 200mm 的区域，防水施工要求与外墙防水要求一致。

内支撑拆除层以下必须保留支模架，保证楼板承载力。

楼板泥浆和污染的钢筋必须冲洗干净。

相关设备参数见表 7-7。

相关设备参数表

表 7-7

序号	设备/材料	工效	备注
1	金刚石链条锯	40～60 分钟/断面每平方米	切梁
2	钻孔机	20min/m	钻孔
3	碟片切割机	40～60 分钟/断面每平方米	切板
4	运输	270t/d	
5	静态破碎剂	作用时间：平均 6h	

第八章　普通模板工程施工工艺标准

根据国务院《建设工程安全生产管理条例》（国务院令第 393 号）及住房和城乡建设部《危险性较大的分部分项工程安全管理办法》（建质〔2009〕87 号）的规定，模板工程分类见表 8-1。

模板工程分类　　　　　　　　　　　　　　　　表 8-1

序号	模板工程	适用范围
1	普通模板工程	支模高度低于 4.5m 的混凝土模板支撑工程
2	高支模板工程	搭设高度 4.5m 及以上；搭设跨度 10m 及以上；施工总荷载 10kN/m² 及以上；集中线荷载 15kN/m² 及以上的混凝土模板支撑工程
3	高大模板工程	适用于支模高度 8m 及以上；搭设跨度 18m 及以上，施工总荷载 15kN/m² 及以上；集中线荷载 20kN/m 及以上的混凝土支撑工程

本工艺标准主要适用于房屋建筑中普通结构模板的施工。本标准从编制依据、施工准备、工序流程、墙柱加固及节点说明、梁板加固及节点说明、模板拆除及质量检验标准方面做了介绍。

1　编制依据

编制依据见表 8-2。

编制依据　　　　　　　　　　　　　　　　表 8-2

序号	名称	备注
1	《混凝土结构工程施工质量验收规范》	GB 50204—2015
2	《建筑地基基础工程施工质量验收规范》	GB 50202—2002
3	《混凝土结构工程施工规范》	GB 50666—2011
4	《建筑工程施工质量验收统一标准》	GB 50300—2013
5	《建筑施工安全检查标准》	JGJ 59—2011
6	《建筑施工模板安全技术规范》	JGJ 162—2008
7	《建筑施工扣件式钢管脚手架安全技术规范》	JGJ 130—2011
8	《危险性较大的分部分项工程安全管理办法》	建质〔2009〕87 号

2　施工准备

2.1　技术准备

详细阅读工程图纸，根据工程结构形式、荷载大小、施工设备和材料供应等条件编制模板施工方案，确定模板配置数量、流水段划分以及特殊部位的处理措施等；

确保模板、支架及其辅助配件具有足够的承载能力、刚度和稳定性，能可靠地承受浇筑混凝土的重量、侧压力以及施工荷载。必要时对模板及其支撑体系进行力学计算；

结合工程结构特点，绘制模板深化排版图、螺杆排布图，并做好交底。

2.2 资源准备

2.2.1 劳动力配备

劳动力配备见表8-3。

劳动力配备表   表8-3

序号	工种	分工
1	架子工	负责脚手架的搭设
2	木工	负责模板安装支设工程
3	钢筋工	负责钢筋的分类、下料、运输、绑扎等工作
4	机操工	负责各种施工机械的操作和养护，配合其他各工种做好各种相关机械操作工作
5	普工	配合各专业工种做好材料、设备的运输等工作
6	安全生产管理人员	专职安全人员
7	特种工	电焊工、塔吊司机、电工等施工人员，持证上岗

2.2.2 机械设备配置

塔吊、锯木机、电刨机、锤子、扳手、弹线器、手电钻、方尺等。

2.2.3 材料准备

材料清单见表8-4。

材料清单   表8-4

序号	材料	型号	示例图片
1	模板	1830×915×15mm、 1830×915×18mm、 1800×900×15mm、 1800×900×18mm、 2440×915×18mm 等	
2	对拉螺杆	直径14mm、16mm 对拉螺杆 （视结构大小考虑具体选型）	

序号	材料	型号	示例图片
3	对拉螺杆垫板	高强方形压板带螺母 100×100mm	
4	对拉螺杆的配件	山型卡、山型母及法兰螺母	
5	对拉螺杆套管	直径 26mm 硬质 PVC 带堵头套管	
6	加固主楞	50mm×100mm 钢方通 （视结构大小考虑具体选型）	

序号	材料	型号	示例图片
7	加固主楞	12 号槽钢 （视结构大小考虑具体选型）	
8		φ48.3×3.6mm 钢管、型钢等 （视结构大小考虑具体选型）	
9	加固次楞	40mm×40mm 钢方通 （视结构大小考虑具体选型）	
10		50mm×100mm×4000mm、 50mm×100mm×2000mm、 50mm×80mm×2000m、 38mm×88mm×2000m、 88mm×88mm×2000m、 100mm×100mm×2000m 等木枋	

2.2.4 现场准备

检查采用的模板尺寸和配件的数量是否齐全；

组织操作人员对模板及其配套产品的使用进行技术交底，必须着重说明施工中应注意的涉及安全的问题；

保证工程结构和各部分形状尺寸和相互位置正确；

模板、管件应有足够的强度，刚度和稳定性，能可靠的承受新浇混凝土的重量和侧压力，以及在施工进程中所产生的荷载；

对钢筋工程进行交接检查验收。注意检查墙底部钢筋有无错位、顶线和超线等现象，对偏位柱筋调整到位，同时采取措施保证混凝土保护层厚度和模板的顺利安装；

根据图纸要求，放好轴线、模板边线，水平控制标高引测到预留插筋或其他过度引测点，并经过预检；

检查预埋铁件、预留孔洞模套是否已安装完毕；

应做好模板底清理、洗刷等处理工作。

3 施工工艺

3.1 工艺流程

相关工艺流程见图 8-1～图 8-4。

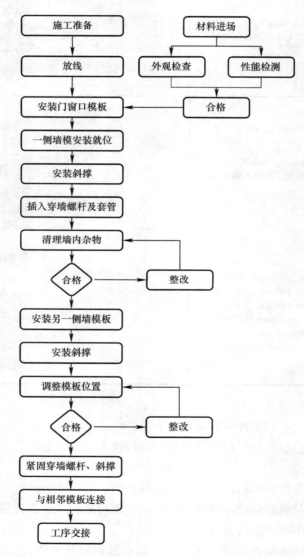

图 8-1 剪力墙模板施工工艺流程

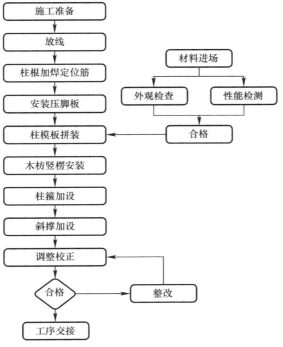

图 8-2　柱模板施工工艺流程

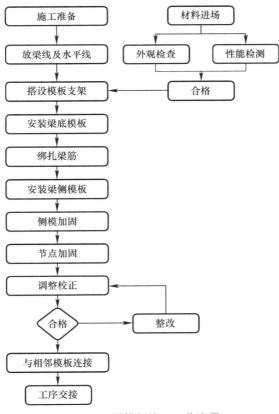

图 8-3　梁模板施工工艺流程

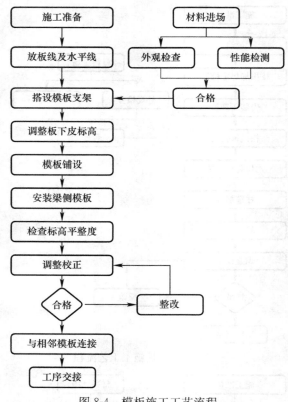

图 8-4　模板施工工艺流程

3.2　施工工序

3.2.1　墙柱模板施工主要工序

（1）放线

根据施工图纸放出墙柱边线、模板控制线；

检查钢筋是否超出墙柱线外，若超出在后续钢筋绑扎前及时调整校正；

竖向接合处面层混凝土凿毛。

（2）标高超平

根据 50cm 标高线检查混凝土浇筑质量，要求±10mm，过低会导致楼面板厚偏小，引起模板下部漏浆，过高时模板无法安装就位，脚部不平处采用砂浆找平。

（3）设置模板定位钢筋

根据所放线钻眼、打定位钢筋，设置做法如图 8-5、图 8-6 所示。

在墙柱钢筋上焊接定位钢筋，设置做法如图 8-7、图 8-8 所示。

（4）安装模板

1）采用方钢加固

墙体模板加固设置要求：次楞采用 40×40 钢方通间距 200mm 布设，主楞采用 50×100 双方通间距 450mm 布设，第一道水平方通距地面 230mm，其后竖直方向按照每隔 1.35m（可根据实际情况微调）设置一道斜撑，斜撑与地面夹角 40°～60°；对拉螺杆采用 M14@450mm×450mm。方钢加固工序见表 8-5。

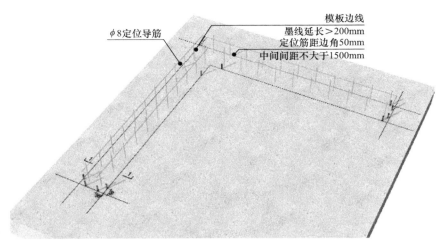

图 8-5　墙柱模板定位钢筋设置

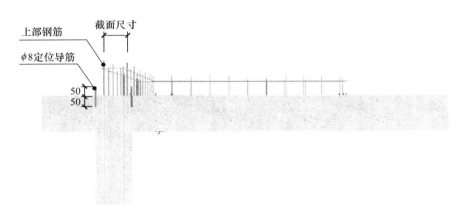

图 8-6　剖面图做法

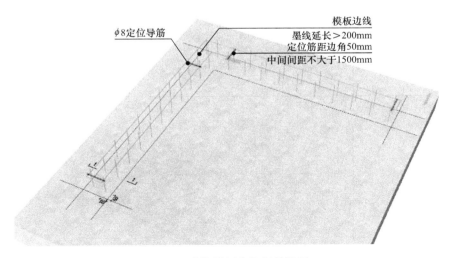

图 8-7　墙柱模板定位钢筋设置

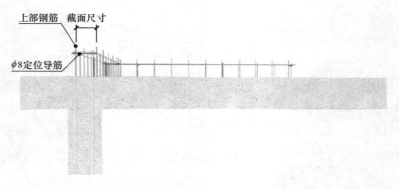

图 8-8　剖面图做法

方钢加固工序 表 8-5

序号	工序名称	示意图
1	设置定位线	
2	设置压脚板	
3	安装一侧模板	

序号	工序名称	示意图
3	安装一侧模板	
4	安装加固次楞	
5	安装加固主楞及设置对拉螺杆	
6	设置斜撑	

2）采用钢管木枋加固

支撑系统竖向采用木枋，木枋竖楞的横向间距按不大于 200mm 设置，横向采用钢管

ϕ48.3 双管，对拉螺杆直径大于 12mm，对拉螺杆间距以底板 200mm 高处起第一道加固，按墙全高下部 1/2 范围内纵横向间距为 400mm×300mm，上部纵横向间距为 400mm×500mm，斜撑竖直方向为 1 道，斜撑水平方向@2400mm，紧固螺帽全部为双螺帽，双蝴蝶卡。人防墙需要采用一次性螺杆。钢管木枋加固工序见表 8-6。

钢管木枋加固工序　　　　　　　　　　　　　　表 8-6

序号	工序名称	示意图
1	设置定位线	
2	设置压脚板	
3	安装一侧模板	

序号	工序名称	示意图
4	安装加固次楞	
5	安装加固主楞及设置对拉螺杆	
6	设置斜撑	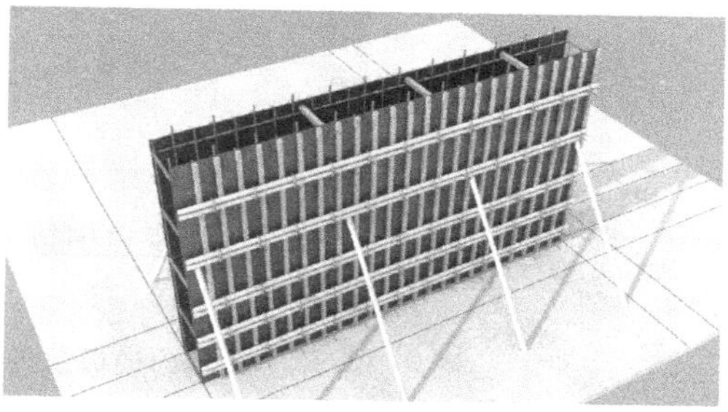

注意事项如下：

在安装模板前钢筋应进行验收，以免模板安装好后钢筋无法验收；墙根部加设海绵条，防止漏浆、烂根；

按照放线位置及定位筋位置准确地将模板安装到位，柱墙模板配模原则：长边包短边，模板尽量采用横配，尺寸必须准确；

安装模板时注意有背楞孔位置需逐一将胶杯胶管安装好并穿好螺杆；

合模前要检查墙柱竖向接合处面层混凝土是否已经凿毛；

模板安装时，要使两侧穿孔的模板对称放置，确保孔洞对准，以使对拉螺栓与模板保持垂直。模板上口必须在同一水平面上，控制墙柱顶标高一致；

封模时在底部留设 100mm×50mm 的方孔，作为混凝土浇筑前冲洗模内垃圾的清扫孔，浇筑时封闭；

对于临空面（楼梯间部位剪力墙、外墙、柱、核心筒等部位）竖向模板，上层模板支设时临空面部位模板根部延伸至下层并采用预埋螺杆或锁口螺杆进行加固，以防止混凝土接头部位出现爆模、错台等现象，如图 8-9、图 8-10 所示。

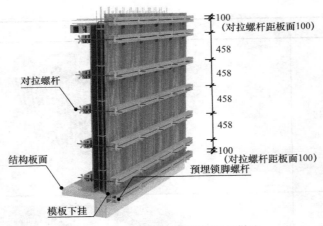

图 8-9　临空面竖向模板锁脚螺杆做法一

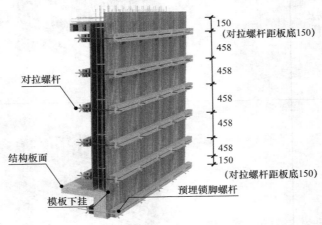

图 8-10　临空面竖向模板锁脚螺杆做法二

（5）模板加固节点

1）墙体模板加固

相关示意图见图 8-11～图 8-18。

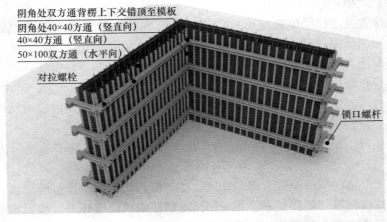

图 8-11　L 形墙体模板加固做法（方钢加固）

图 8-12　主楞搭接构造大样图

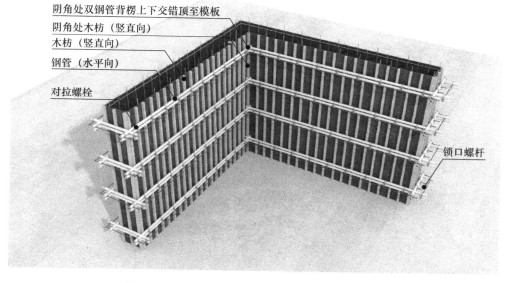

图 8-13　L 形墙体模板加固做法（钢管木枋加固）

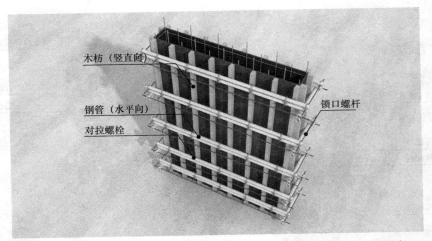

图 8-14　一字形墙体模板加固做法（钢管木枋加固，方通加固方法类同）

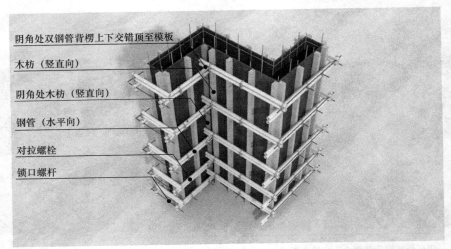

图 8-15　Z字形墙体模板加固做法（钢管木枋加固，方通加固方法类同）

图 8-16　Y字形墙体模板加固做法（钢管木枋加固，方通加固方法类同）

图 8-17　电梯门模板加固

注：采用钢管＋木枋进行加固；竖向钢管居中，水平第一道钢管距地面 20cm，向上每 60cm 设置一道水平钢管。

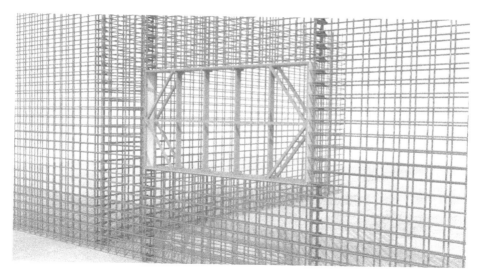

图 8-18　外窗模板加固

注：采用木枋进行加固；竖向木枋间距为 500mm，水平木枋居中，端头处设斜撑。

2）柱模板加固

　　背楞选用 50mm×100mm 木枋，间距 200mm；柱箍采用槽钢，沿柱全高下部三分之二范围内柱箍间距 500mm，上部三分之一范围内柱箍间距 600mm；穿柱螺栓的设置：柱的边长≥900mm 时，需在此边设置穿柱的直径为 16mm 的对拉螺栓，螺栓水平间距为 450mm。柱的边长＜900mm 时，只需在此边长水平方向设置一道 14mm 对拉螺栓。按照以上设置要求安装模板背楞，同时进行加固拧紧，使对拉螺杆两边留出的长度大致相同，如图 8-19、图 8-20 所示。

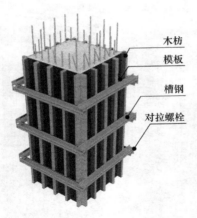

图 8-19　柱加固构造大样图

木枋
模板
槽钢
对拉螺栓

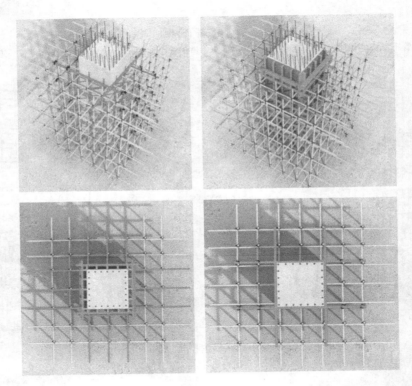

图 8-20　抱柱大样图

（6）模板的检查、校正

在模板从底部向上量 1m，做好标记，调整时利用激光扫平仪对准 1m 标高线来调整模板安装整体标高；

利用激光扫平仪及钢直尺、磁力线坠等工具调整墙模板垂直度、平整度。

3.2.2　梁模板施工主要工序

（1）放线

在柱子上弹出轴线、梁位置和水平线，并复核。

（2）梁底模支设

根据模板设计或模板施工方案要求搭设梁模板的支撑体系；

按设计标高调整支撑体系的标高，然后安装梁底模板，并拉线找平；

当梁底板跨度≥4m时跨中梁底处应按设计要求起拱，如设计无要求时，起拱高度为梁跨度的1/1000。主次梁交接时，先主梁起拱，后次梁起拱；

梁底是否增加支撑根据施工方案确定。

（3）侧模支设

根据墨线安装梁侧模板、压脚板、斜撑等。梁侧模板制作高度应根据梁高及楼板模板来确定；

梁侧模板接头宜留在梁中，利于加固，接口应平顺、严密；

梁侧模与底模拼缝应严密，不漏浆；

梁侧模板支设时，上口应通线，保证侧模垂直度；

处理好梁柱接头：梁侧模相拼接时，应根据现场实际情况确定出拆模的先后顺序，再确定其相交及叠合方式；

高度大于800mm以上的梁在支模时，先封底模，然后在梁两侧绑扎钢筋，绑扎完结后封侧模。

（4）侧模加固

按照方案确定的主楞、次楞、穿梁螺杆的尺寸及间距，进行侧模的加固设置。加固尺寸及间距见表8-7，梁侧加固做法及示意图见表8-8。

加固尺寸及间距 表8-7

梁高度 h （截面面积≤0.45m²）	梁侧次楞间距	加固方式	对拉螺杆沿梁高布置情况	对拉螺杆沿梁跨间距
$h \leqslant 600$	250	斜撑	/	/
$600 < h \leqslant 800$	250	一道对拉螺杆	200	450
$800 < h \leqslant 1000$	250	二道对拉螺杆	200，450	450

梁侧加固做法及示意图 表8-8

梁高度 h	说明	示意图
$h \leqslant 600$	采用斜撑进行加固，梁侧木枋通过钢管斜撑与架体连接进行加固，斜撑间距1000mm	

梁高度 h	说明	示意图
$h \leqslant 600$	采用斜撑进行加固,梁侧木枋通过钢管斜撑与架体连接进行加固,斜撑间距 1000mm	
$600 < h \leqslant 800$	设置一道对拉螺杆,螺杆距离梁底 200mm	
$800 < h \leqslant 1000$	设置两道对拉螺杆,两道螺杆距离梁底分别为 200mm,650mm	

梁高度 h	说明	示意图
$800 < h \leqslant 1000$	设置两道对拉螺杆，两道螺杆距离梁底分别为200mm，650mm	

（5）节点加固

1）梁柱接头：梁侧模与柱边模交接时，应在接缝处用木枋加固，木枋下端应作为柱模背枋至少用两道柱箍夹紧。

2）柱模接头：柱模接头处应用木枋较多，该处对拉螺杆间距适当缩小。

3）梁梁、梁柱模板直接处转角节点外应用竖枋缩紧，再用侧模背楞端部将竖枋顶紧，保证转角节点受力。梁柱节点构造见表8-9。

梁柱节点构造　　　　表 8-9

节点	说明	示意图
梁柱结点	梁柱节点位置，柱次楞木枋直接通到上方，木枋下端至少用两道柱箍夹紧	

3.2.3 板模板施工主要工序

（1）放线

在柱子上弹出轴线、板位置和水平线，并复核。

（2）搭设支架

根据模板设计或模板施工方案要求搭设板模板的支撑体系，并安装板下木枋。

（3）调整板下皮标高

通线调节支柱高度，将大龙骨找平，每块板平台木枋截面高度应一致；

对跨度不小于 4m 的现浇钢筋混凝土板，其模板应按设计要求起拱；当设计无具体要求时，起拱高度宜为跨度的 1/1000～3/1000。

（4）模板铺设

板模采用整体平铺形式铺设。铺模板时从四周铺起，在中间收口。楼板模板压在梁侧模时，角位模板应通线钉固；

楼面模板拼缝采用双面胶带粘贴；

木枋底部水平承重钢管必须用顶托顶紧，杜绝无承重钢管支模或将木枋的一端支撑在侧模背枋上。

（5）检查模板上皮标高、平整度

测量员在板面柱钢筋上标记 50mm 控制线，模板铺设基本完成后，专业工长进行检查，平整度不能超过规范要求，否则整改，直到达到要求。楼面模板铺完后，应认真检查支架是否牢固，板面应清扫干净，如图 8-21～图 8-23 所示。

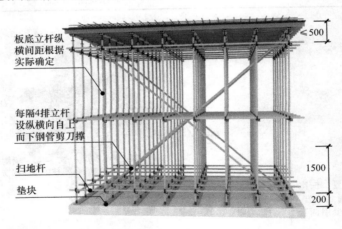

图 8-21 板模板支撑体系立面图

（6）结构降板节点

模板施工按模板图进行组合，定型模板配置可以采用方钢拼焊成整体。卫生间吊模模板可整装整拆，这样既保证了卫生间内净尺寸，又保证了模板体系的刚度。模板安装施工时，减轻劳动强度，提高工作效率。

根据卫生间吊模底边标高，利用卫生间四周墙、梁钢筋焊接 φ16@300 水平钢筋作为吊模模底支撑。根据卫生间四周墙、梁边定位控制线确定吊模外侧固定支撑位置，拉线在该位置焊接 φ16 的竖向限位钢筋，竖向钢筋要求与 φ16 的水平钢筋和卫生间板钢筋点牢。

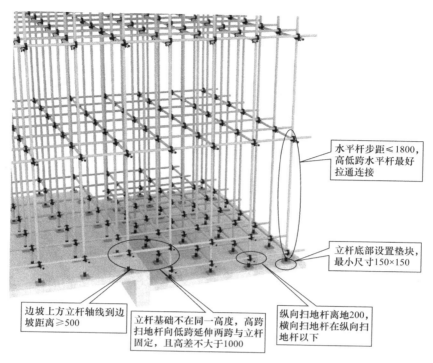

水平杆步距≤1800，高低跨水平杆最好拉通连接

立杆底部设置垫块，最小尺寸150×150

边坡上方立杆轴线到边坡距离≥500

立杆基础不在同一高度，高跨扫地杆向低跨延伸两跨与立杆固定，且高差不大于1000

纵向扫地杆离地200，横向扫地杆在纵向扫地杆以下

图 8-22　立杆、水平杆构造要求（一）

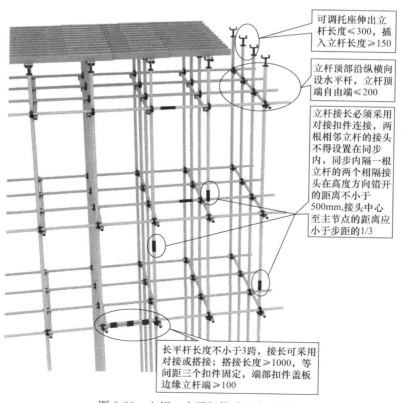

可调托座伸出立杆长度≤300，插入立杆长度≥150

立杆顶部沿纵横向设水平杆，立杆顶端自由端≤200

立杆接长必须采用对接扣件连接，两根相邻立杆的接头不得设置在同步内，同步内隔一根立杆的两个相隔接头在高度方向错开的距离不小于500mm，接头中心至主节点的距离应小于步距的1/3

长平杆长度不小于3跨，接长可采用对接或搭接；搭接长度≥1000，等间距三个扣件固定，端部扣件盖板边缘立杆端≥100

图 8-23　立杆、水平杆构造要求（二）

在卫生间吊模安装时，直接将定型吊模安装在竖向限位钢筋内水平支撑钢筋上即可，同时保证吊模角部稳固，如图 8-24、图 8-25 所示。

图 8-24 钢模实施效果图

图 8-25 木模板降板做法
注：骨架采用木枋，中空部分每隔 50cm
设置一道木枋支撑，四角位置设置模板加固。

3.3 模板拆除

模板拆除前，主管工长必须向作业人员进行书面的技术交底，交底内容包括拆模时间、拆模顺序、拆模要求、模板堆放位置等。平台结构模板拆除时，主管工长必须书面申请，接到拆模通知单后方可拆模。

3.3.1 模板拆除顺序

模板拆除顺序与安装顺序相反，先支后拆，后支先拆，先拆非承重模板，后拆承重模板，先拆纵墙模板后拆横墙模板，先拆外墙模板，再拆内墙模板。

3.3.2 模板拆除要点

（1）柱模板：常温下，混凝土浇筑后 8h 或混凝土达到终凝后，即可松动连接螺栓，一般 10h 后可成组拆除，吊走柱模板。冬期施工时，柱、剪力墙混凝土强度达 4MPa 及以上，才允许拆除模板。

（2）墙模：剪力墙混凝土强度达 4MPa 及以上时，才允许拆除模板。墙模板拆除时先拆除墙内对拉螺栓，再松动斜支撑，轻轻撬击模板使模板与混凝土面脱离。

拆模时，操作人员应站在安全处，以免发生安全事故，待该段模板全部拆除后，方准将模板、配件、支架等运出堆放。

（3）顶板模板及梁底模板拆除：

现场制作同条件试块，以同条件试块的试压结果判定是否可以拆模。参见表 8-10：

混凝土强度取值表   表 8-10

结构类型	结构跨度（m）	按设计的混凝土强度标准值的百分率计
板	≤2	50%
	>2，≤8	75%
	>8	100%
梁	≤8	75%
	>8	100%
悬臂构件	≤2	75%
	>2	100%

注：表中"设计的混凝土强度标准值"系指与设计混凝土强度等级相应的混凝土立方体抗压强度标准值。

拆除模板时应将可调螺旋向下退 100mm，使龙骨与板脱离，先拆主龙骨，再拆次龙骨，最后取顶板模。拆除时人站在钢管架下，待顶板上木料拆完后，再拆钢管架。

拆除大跨度梁板模时，宜先从跨中开始，分别拆向两端。当局部有混凝土吸附或粘接模板时，可在模板下口接点处用撬棍松动，禁止敲击模板。

拆模时不要用力过猛，拆下来的材料要及时运走，整理拆下后的模板及时清理干净，板模应涂刷水性脱模剂，按规格分类堆放整齐。

3.4 质量检验标准

3.4.1 一般项目

（1）模板安装质量应符合下列要求：模板的接缝应严密；模板内不应有杂物、积水或冰雪等；模板与混凝土的接触面应平整、清洁；对清水混凝土及装饰混凝土构件，应使用能达到设计效果的模板。

检查数量：全数检查。

检验方法：观察。

（2）隔离剂的品种和涂刷方法应符合施工方案的要求，不得影响结构性能及装饰施工，不得沾污钢筋和混凝土接茬处，不得对环境造成污染。

检查数量：全数检查。

检验方法：检查质量证明文件；观察。

（3）模板的起拱应符合现行国家标准《混凝土结构工程施工规范》GB 50666 的规定，并应符合设计及施工方案的要求。

检查数量：在同一检验批内，对梁，跨度大于 18m 时应全数检查，跨度不大于 18m 时应抽查构件数量的 10%，且不少于 3 件；对板，应按有代表性的自然间抽查 10%，且不少于 3 间：对大空间结构，板可按纵、横轴线划分检查面，抽查 10%，且不少于 3 面。

检验方法：水准仪或尺量。

3.4.2 实测项目

模板安装的偏差及检验方法应符合表 8-11 的规定。

检查数量：在同一检验批内，对梁、柱，应抽查构件数量的 10%，且不少于 3 件；对墙和板，应按有代表性的自然间抽查 10%，且不少于 3 间；对大空间结构，墙可按相邻轴线间高度 5m 左右划分检查面，板可按纵、横轴线划分检查面，抽查 10%，且均不少于 3 面。

模板安装允许偏差及检验方法　　　　　　　　　　　　　表 8-11

项目		允许偏差（mm）	检验方法
轴线位置		5	尺量
底模上表面标高		±5	水准仪或拉线、尺量
模板内部尺寸	柱、墙、梁	±5	尺量
柱、墙垂直度	层高≤6m	8	经纬仪或吊线、尺量
	层高>6m	10	经纬仪或吊线、尺量

第九章　后浇带施工工艺标准

1　编制依据

编制依据见表 9-1。

编制依据 表 9-1

序号	名称	备注
1	《混凝土结构工程施工质量验收规范》	GB 50204—2015
2	《建筑工程施工质量验收统一标准》	GB 50300—2013
3	《混凝土结构工程施工规范》	GB 50666—2011
4	《建筑地基基础工程施工质量验收规范》	GB 50202—2002
5	《混凝土质量控制标准》	GB 50164—2011
6	《地下防水工程质量验收规范》	GB 50208—2011
7	《地下工程防水技术规范》	GB 50108—2008
8	《高层建筑混凝土结构技术规程》	JGJ 3—2010
9	《高层建筑筏形与箱形基础技术规范》	JGJ 6—2011
10	《建筑施工扣件式钢管脚手架安全技术规范》	JGJ 130—2011
11	《建筑施工碗扣式钢管脚手架安全技术规范》	JGJ 166—2016
12	《建筑施工模板安全技术规范》	JGJ 162—2008

2　施工准备

2.1　材料准备

材料清单见表 9-2。

材料清单 表 9-2

序号	材料	型号	示例图片
1	止水钢板	3mm×300mm 镀锌钢板，迎水面两端弯折 45°	

序号	材料	型号	示例图片
2	橡胶止水带	宽度（mm）：300、350、395、400、500 等，厚度（mm）：6、7、8、10 等，根据工程实际要求	
3	遇水膨胀止水条	30mm×20mm、20mm×15mm、30mm×40mm、20mm×50mm 等	
4	密目钢丝网	网孔尺寸不大于 10mm	
5	短钢筋	直径 6mm、8mm、10mm、12mm（主要用于止水钢板及钢丝网的固定）	
6	模板	1830mm×915mm×15mm、1830mm×915mm×18mm、1800mm×900mm×15mm、1800mm×900mm×18mm 等	
7	木枋	50mm×100mm×3000mm、50mm×100mm×2000mm、50mm×80mm×2000mm、60mm×80mm×2000mm、38mm×88mm×2000mm 等	

序号	材料	型号	示例图片
8	钢管	φ48.3×3.6 钢管（视当地材质规格）	
9	可调顶托	外径不得小于 36mm；支托板厚不小于 5mm	
10	扣件	直角、旋转、对接扣件	
11	对拉螺杆	直径 12mm、14mm	
12	止水螺杆	直径 14mm，中部止水片尺寸不小于 40mm×40mm	

2.2 机具准备

机具准备见表 9-3。

序号	机具名称	功能	图例	工艺流程
1	墨斗	在板面上弹出控制轴线、后浇带边线		工艺流程：定位放线
2	混凝土输送泵	混凝土输送		工艺流程：混凝土浇筑
3	振捣棒	混凝土振捣		工艺流程：混凝土浇筑
4	平板振动器	混凝土振捣		工艺流程：后浇带表面收光
5	电镐	混凝土施工缝剔凿		工艺流程：后浇带两侧施工缝处理

序号	机具名称	功能	图例	工艺流程
6	电焊机	止水钢板焊接及固定		工艺流程：止水钢板安装
7	砂轮切割机	止水钢板下料切割		工艺流程：止水钢板安装

2.3 技术准备

施工图会审已完成，图纸已审核并盖章确认。

编制专项施工方案并进行方案交底、技术交底。

材料质保书留存，复试合格，有：橡胶止水带复试报告、混凝土材质书、钢板止水带合格证、钢筋复试报告等。

后浇带的留设要求已明确。

《高层建筑混凝土结构技术规程》JGJ 3—2010 第 12.2.3 条规定"高层建筑地下室不宜设置变形缝，当地下室长度超过伸缩缝最大间距时，可考虑利用混凝土后期强度，降低水泥用量；也可每隔 30～40m 设置贯通顶板、底部及墙板的施工后浇带。后浇带可设置在柱距三等分的中间范围内及剪力墙附近，其方向宜与梁正交，沿竖向应在结构同跨内；底板及侧墙的后浇带宜增设附加防水层；后浇带封闭时间宜滞后 45d 以上，其混凝土强度等级宜提高一级，并宜采用无收缩混凝土，低温入模"。

《高层建筑筏形与箱形基础技术规范》JGJ 6—2011 第 6.2.14 条规定"当高层建筑与相连的裙房之间不设置沉降缝时，宜在裙房一层设置用于控制沉降差的后浇带。当高层建筑基础面积满足地基承载力和变形要求是，后浇带宜设置在与高层建筑相邻裙房的第一跨内，当需要满足高层建筑地基承载力、降低高层建筑沉降量，减小高层建筑与裙房间的沉降差而增大高层建筑基础面积时，后浇带可设在距主楼边柱的第二跨内"。第 7.4.3 条规定"后浇带的宽度不宜小于 800mm，在后浇带处，钢筋应贯通。后浇带两侧应采用钢筋支架和钢丝网隔断，保持后浇带内的清洁，防止钢筋锈蚀或被压弯、踩弯。并应保证后浇带两侧混凝土的浇筑质量"。

2.4 现场准备

地下室底板垫层已施工完成并具备上人放线条件；

基础降水措施已到位，保证地下水位低于作业面以下；

后浇带两侧混凝土养护时间满足设计要求；

地下室周围材料清理干净，外墙防护脚手架已施工；

地下室及楼层人员上下作业通道畅通，地下室周边无积水；

楼板后浇带施工前下部楼层混凝土已浇筑完成，具备搭设脚手架条件。

3 工艺流程

3.1 地下室底板后浇带施工流程

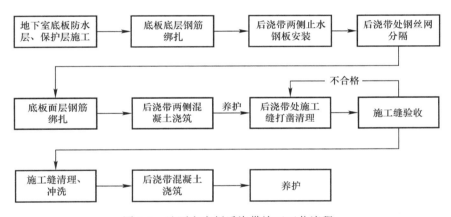

图 9-1 地下室底板后浇带施工工艺流程

3.2 地下室侧墙后浇带施工流程

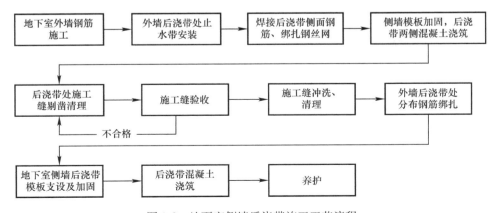

图 9-2 地下室侧墙后浇带施工工艺流程

3.3 地下室顶板及地上楼板后浇带施工流程

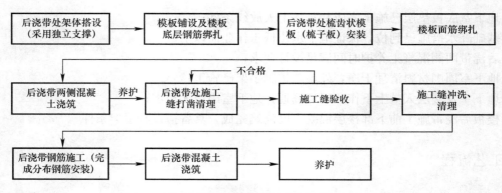

图 9-3 地下室顶板及地上楼板后浇带施工工艺流程

4 施工要点

4.1 地下室底板后浇带施工要点

4.1.1 工艺流程1：超前止水层施工及弹边线
施工要点：

根据设计要求，若有超前止水设计时，先完成后浇带超前止水施工。

超前止水层施工至与底板防水保护层同一标高，混凝土硬化后弹出后浇带边线，如图 9-4、图 9-5 所示。

图 9-4 底板后浇带超前止水施工　　　　图 9-5 弹出后浇带边线

4.1.2 工艺流程2：底板底层钢筋绑扎
施工要点：

底筋绑扎应横平竖直，在弹线位置应紧临弹线绑扎一条水平筋用于止水钢板短钢筋头焊接，如图 9-6 所示。

图 9-6　底板底层钢筋绑扎

4.1.3　工艺流程 3：钢板止水带安装

施工要点：

浇带止水钢板采用 3mm 厚镀锌钢板，迎水面一侧弯折 45°，两块止水钢板直接采用焊接形式连接，焊接必须满焊，不得点焊。后浇带两侧钢板止水钢板采用短钢筋头与板筋点焊固定，确保止水钢板固定牢固，如图 9-7 所示。

图 9-7　底板后浇带止水钢板安装固定

4.1.4　工艺流程 4：后浇带两侧钢丝网分隔

施工要点：

止水钢板安装完成后，进行底板上部钢筋绑扎。钢筋绑扎完成后，采用密目钢丝网进行分隔。为了保证钢丝网对后浇带两侧混凝土的分隔效果，可采取每隔约 200～250mm 设置竖向短钢筋的方式，作为后浇带内侧钢丝网的支撑背楞。同时，为了保证后浇带分隔的稳固，采用设置斜撑钢筋的形式进行加固，如图 9-8 所示。

4.1.5　工艺流程 5：底板面层钢筋绑扎

施工要点：

面筋绑扎应横平竖直，在弹线位置应紧临弹线绑扎一条水平筋用于止水钢板短钢筋头焊接固定，如图 9-9 所示。

图 9-8　地下室底板后浇带两侧密目钢丝网安装

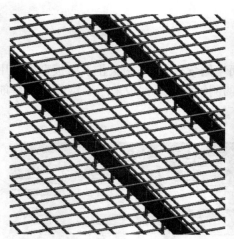

图 9-9　地下室底板面层钢筋绑扎

4.1.6　工艺流程 6：底板后浇带两侧混凝土浇筑

施工要点：

在后浇带边线位置面筋上部设置 2cm 木条挡板，采用扎丝与面筋绑扎固定，在保证底板面钢筋保护层的同时，避免混凝土进入后浇带内，如图 9-10、图 9-11 所示。

图 9-10　后浇带面层钢筋上部设置 2cm 木条挡板　　图 9-11　后浇带两侧底板混凝土浇筑

4.1.7 工艺流程 7：后浇带施工缝剔凿及清理

施工要点：

剔凿应在后浇带两侧混凝土强度达到 50％以上时进行，剔凿时应采用人工手锤＋凿子或电锤剔凿，剔除两侧钢丝网及松散混凝土，裸露出完整粗糙石子面为准；剔凿完成后，进行施工缝验收，验收合格后，进行两侧施工缝冲洗，将积水抽出，并人工清除干净底部杂物，如图 9-12、图 9-13 所示。

图 9-12　地下室底板后浇带施工缝剔凿

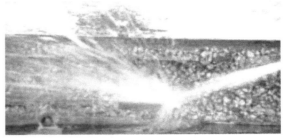

图 9-13　后浇带施工缝冲洗

4.1.8 工艺流程 8：底板后浇带混凝土浇筑

施工要点：

浇筑前 1h 洒水湿润表面，采用比两侧混凝土高一个等级的微膨胀抗渗混凝土进行浇筑，浇筑振捣完成后应采用压光机进行压光。由于后浇带浇筑后的膨胀作用，浇筑时，后浇面约低于两侧底板面 5mm 左右，如图 9-14 所示。

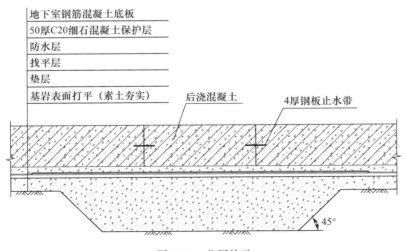

图 9-14　分层构造

4.1.9 工艺流程 9：混凝土养护

施工要点：

根据气候条件采取不同养护措施，保证后浇带混凝土表面保湿保温；养护时间不少于14d，如图 9-15 所示。

图 9-15 后浇带混凝土养护

4.2 地下室侧墙后浇带施工要点

4.2.1 工艺流程 1：地下室外墙钢筋施工

施工要点：

钢筋绑扎应横平竖直，后浇范围内竖直分布筋不绑扎，如图 9-16 所示。

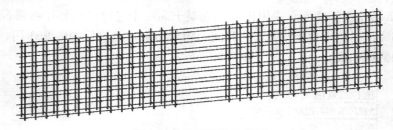

图 9-16 钢筋绑扎效果图

4.2.2 工艺流程 2：外墙后浇带止水带安装

施工要点：

板止水带应采用 8mm 直径短钢筋焊接固定牢固，钢板连接位置应满焊，迎水面向外；橡胶止水带固定钢筋应绑扎牢固。止水钢板两侧墙体截面范围内采用细钢筋焊接成网状，与端钢筋及墙体钢筋焊接形成支撑网，如图 9-17～图 9-19 所示。

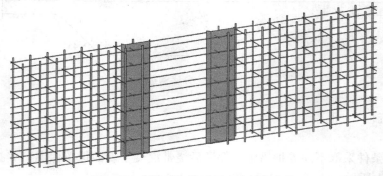

图 9-17 侧墙后浇带两侧止水钢板安装

图 9-18　止水钢板安装图示　　　图 9-19　止水钢板与侧墙钢筋采用短钢筋焊接固定

4.2.3　工艺流程 3：焊接后浇带侧面固定钢筋、绑扎钢丝网

施工要点：

（1）钢丝网分隔应采用双层，分布在后浇带背侧，并在外墙水平筋与竖直筋交叉处满扎钢丝固定。

（2）为了保证钢丝网及快易收口网对后浇带两侧混凝土的分隔效果，可采用直径 6～8mm 圆钢，沿后浇带竖向通高，每隔 20～30mm 设置一道，对钢丝网进行支撑。

（3）在后浇带施工缝处，沿墙高每隔约 200～300mm 设置一道水平短钢筋，作为后浇带两侧竖向钢筋的支撑背楞。短钢筋长度同侧墙厚度，与侧墙水平钢筋点焊固定，便于后期拆除，如图 9-20 所示。

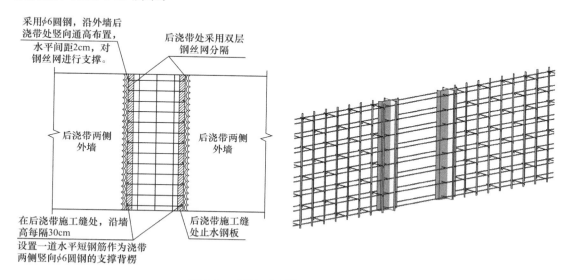

图 9-20　侧墙后浇带两侧钢丝网分隔

4.2.4　工艺流程 4：后浇带两侧混凝土浇筑

施工要点：

两侧混凝土浇筑不应将混凝土撒至后浇带内。实时检查钢丝网漏浆情况，对漏浆位置进行封堵，墙体模板拆除时临近后浇带两侧一排止水螺杆应保存完好，用于后浇带模板加固，如图9-21所示。

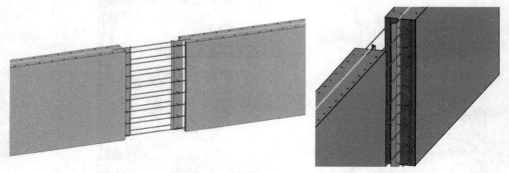

图9-21　地下室侧墙后浇带两侧混凝土浇筑

4.2.5　工艺流程5：后浇带施工缝剔凿及清理

施工要点：

剔凿应在后浇带两侧混凝土强度达到50%以上时进行，剔凿时应采用人工手锤＋凿子或电锤剔凿，剔除两侧钢丝网及松散混凝土，裸露出完整粗糙石子面为准；剔凿完成后，进行施工缝验收，验收合格后，进行两侧施工缝冲洗，并清理后浇带内杂物，如图9-22、图9-23所示。

图9-22　侧墙后浇带施工缝剔凿　　　　　　图9-23　施工缝冲洗清理

4.2.6　工艺流程6：侧墙后浇带处分布钢筋绑扎

施工要点：

根据外墙配筋图，完成后浇带内钢筋的绑扎；后浇带内裸露的钢筋需刷水泥浆包裹加以保护，防止长期放置生锈，如图9-24所示。

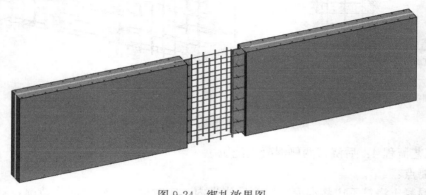

图9-24　绑扎效果图

4.2.7 工艺流程7：侧墙后浇带模板支设

施工要点：

根据地下室侧墙防水施工时间与地下室侧墙后浇带施工时间的先后顺序关系，将地下室侧墙后浇带分为防水后于后浇带施工及防水先于后浇带施工两类。

（1）防水后施工时，地下室后浇带支模施工要点：

侧墙后浇带采用对拉止水螺杆、钢管、模板组成支模体系。通常宽度为 800mm 的后浇带，止水螺杆横向间距为 300mm，竖向 450mm，竖向背楞采用 50mm×100mm 木枋，横向主楞采用 48×3.0 双钢管。

为了防止漏浆，支模时后浇带两侧地下室侧墙需粘贴双面泡沫胶条，如图 9-25、图 9-26 所示。

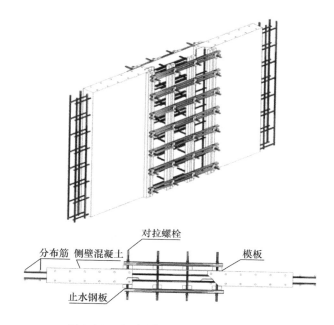

图 9-25　地下室侧墙后浇带支模大样图

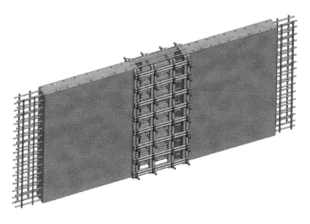

图 9-26　地下室侧墙后浇带支模效果图

（2）防水先施工时，地下室后浇带支模施工要点：

1）先行在地下室侧墙后浇带紧挨两侧已浇筑侧墙位置砌筑外墙砖胎膜或安装预制板，并抹灰处理，在抹灰面上铺贴防水卷材（后浇带处不断开），如图 9-27、图 9-28 所示。

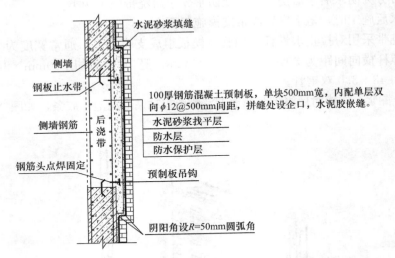

图 9-27　后浇带防水先施工时（安装预制板）支模大样图

图 9-28　后浇带防水先施工时（安装预制板）支模效果

2）地下室侧墙后浇带外侧采用砌体挡墙时，当填土深度小于等于 5m 时采用 240mm 厚砖砌挡墙，当填土深度大于 5m 时，采用 480mm 厚砖砌挡墙，如图 9-29、图 9-30 所示。

3）侧墙后浇带外侧以砌体墙或预制板作为模板，内侧需采取单侧支模的方式进行施工。为了防止漏浆，支模时后浇带两侧地下室侧墙需粘贴双面泡沫胶条，如图 9-31、图 9-32 所示。

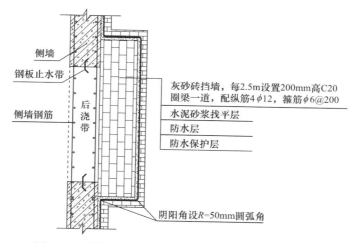

图 9-29　后浇带防水先施工时（砌体挡墙）支模大样图

图中标注：
侧墙
钢板止水带
侧墙钢筋
后浇带
灰砂砖挡墙，每2.5m设置200mm高C20圈梁一道，配纵筋4φ12，箍筋φ6@200
水泥砂浆找平层
防水层
防水保护层
阴阳角设R=50mm圆弧角

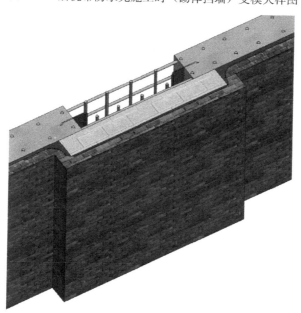

图 9-30　后浇带防水先施工时（砌体挡墙）支模效果图

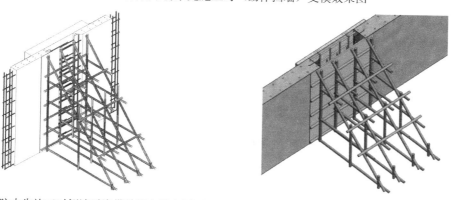

图 9-31　防水先施工时侧墙后浇带单侧支模大样图　　图 9-32　防水先施工时侧墙后浇带单侧支模效果图

4.2.8　工艺流程8：后浇带混凝土浇筑

施工要点：

浇筑前1h洒水湿润表面，采用比两侧混凝土高一个等级的微膨胀抗渗混凝土进行浇筑，浇筑时后浇带必须振捣密实，同时防止过振，确保后浇带与两侧墙面平齐，如图9-33所示。

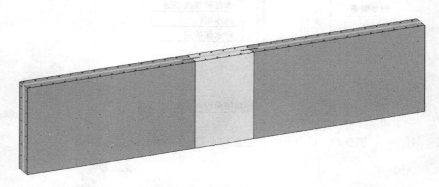

图9-33　后浇带混凝土浇筑效果图

4.2.9　工艺流程9：混凝土养护

施工要点：

根据气候条件采取不同养护措施，保证后浇带混凝土表面保湿保温。

养护时间不少于14d。

4.3　地下室顶板及地上楼板后浇带施工要点

4.3.1　工艺流程1：后浇带处支撑架搭设

施工要点：

后浇带架体设置为独立支撑，满堂架搭设前首先放线并排布后浇带立杆，根据不同板厚及梁尺寸设置为双侧双排及单侧双排两种形式，所有独立支撑部位杆件采用油漆涂刷，以防后期大面拆模时误拆。

后浇带独立支撑架横向横杆与满堂架在立杆位置搭接布置，纵向横杆通长布置，如图9-34、图9-35所示。

4.3.2　工艺流程2：后浇带模板铺设

施工要点：

后浇带底部模板、木枋及背楞与满堂架应完全分离设置，应达到一次安装，两次拆除的目的，如图9-36所示。

4.3.3　工艺流程3：楼板底筋绑扎

施工要点：

底筋绑扎应横平竖直，在弹线位置应紧临弹线绑扎一条水平筋用于固定梳子收口板，后浇带位置底部纵向分布筋全部绑扎，面筋分布筋暂不绑扎，以便拆除梳子收口板，如图9-37所示。

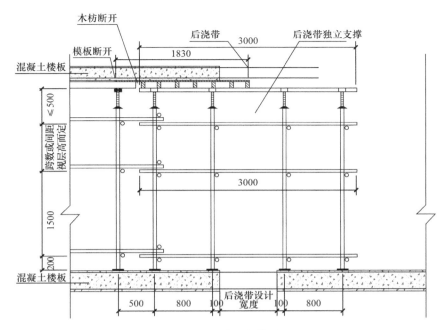

图 9-34　后浇带处架体排杆图

图 9-35　后浇带处架体搭设效果图

图 9-36　楼板后浇带模板支设及垃圾清扫口留设

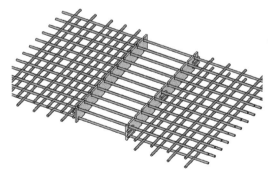

图 9-37　楼板底筋绑扎

4.3.4　工艺流程 4：梳子板安装

施工要点：

梳子收口板在加工区集中加工，按楼板钢筋间距设置梳子扣，底筋绑扎完成后设置，并在背面设置斜撑固定，如图 9-38～图 9-41 所示。

图 9-38　梳子板大样图

图 9-39　梳子板安装示意图（一）

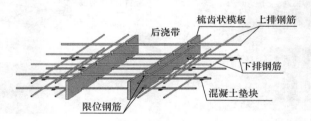

图 9-40　梳子板安装示意图（二）

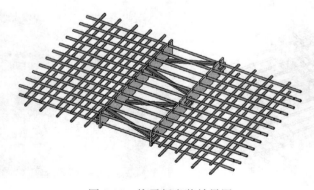

图 9-41　梳子板安装效果图

4.3.5　工艺流程 5：后浇带两侧楼板混凝土浇筑

施工要点：

两侧混凝土浇筑时应保护梳子收口板不移位，不破坏漏浆；

浇筑时需注意对楼板钢筋保护层的控制，并注意后浇带两侧处振捣密实，如图 9-42 所示。

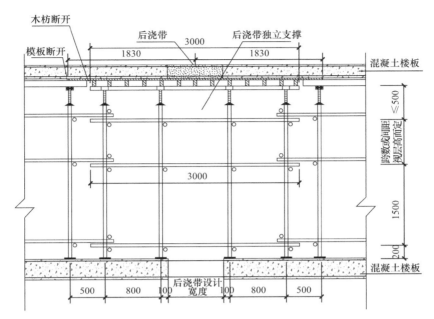

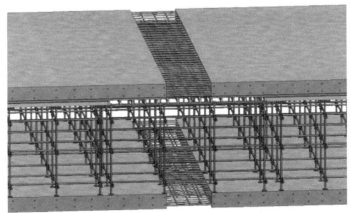

图 9-42　后浇带两侧混凝土浇筑

4.3.6　工艺流程 6：后浇带两侧楼板底部支撑架拆除

施工要点：

后浇带两侧满堂架拆除时，不可拆除独立支撑部分。对后浇带独立支撑采用黄油漆涂刷过的架体杆件、扣件及模板木枋，如图 9-43、图 9-44 所示。

4.3.7　工艺流程 7：施工缝剔凿及清理

施工要点：

剔凿应在混凝土强度达到 50% 以上、拆除梳子板后进行，剔凿时应采用人工手锤＋凿子或电锤剔凿，剔除两侧松散混凝土，裸露出完整粗糙石子面；

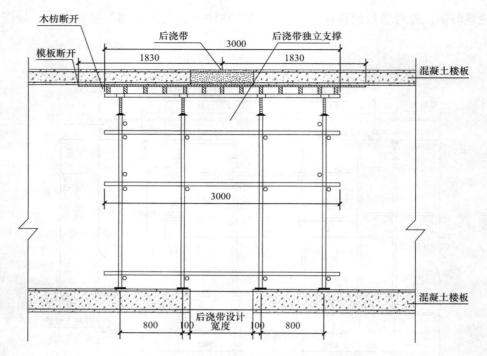

图 9-43　后浇带两侧楼板底部支撑架拆除示意图

剔凿完成后，进行施工缝验收，验收合格后，进行两侧施工缝冲洗，在合适位置留设的空洞清除杂物至下部楼层中，如图 9-45、图 9-46 所示。

图 9-44　后浇带两侧楼板底部支撑架拆除效果图

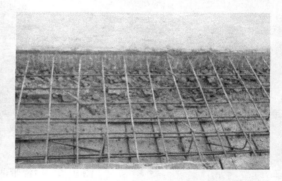

图 9-45　楼板后浇带施工缝剔凿

图 9-46　楼板后浇带施工冲洗

4.3.8 工艺流程 8：楼板后浇带钢筋绑扎

施工要点：

按照结构楼板配筋图进行后浇带内钢筋绑扎，如图 9-47 所示。

图 9-47　后浇带钢筋绑扎效果图

4.3.9 工艺流程 9：后浇带混凝土浇筑、养护

施工要点：

后浇带混凝土浇筑前 1h 洒水湿润表面，采用比两侧混凝土高一个等级的微膨胀混凝土进行浇筑，浇筑振捣完成后应采用压光机进行压光，确保后浇带与两侧墙面平齐；

根据气候条件采取不同养护措施，保证后浇带混凝土表面保湿保温。养护时间不少于14d，如图 9-48、图 9-49 所示。

图 9-48　楼板后浇带混凝土浇筑　　　图 9-49　楼板后浇带覆盖养护

5　质量控制要点

5.1　质量检验标准

5.1.1　后浇带检验批和各子分部工程划分

编制检验批方案时，后浇带单独划分检验批，根据后浇带施工顺序，同时施工的后浇带可划分为同一检验批。

后浇带属于混凝土子分部工程，包括模板、钢筋、混凝土等分项工程。

5.1.2 实物检查和资料检查

根据《混凝土结构工程施工质量验收规范》GB 50204—2015 规定，检验批的质量验收应包括实物检查和资料检查，要求主控项目质量抽检全部合格，一般项目抽检合格，采用计数抽样时，除有专门规定外，合格点数达到 80% 以上，不得有严重缺陷。

质量检查应有完整的质量检验记录，重要工序有完整的施工操作记录。

5.1.3 实测项目标准

模板工程：

模板工程应编制专项方案，根据安装、使用、拆除工况进行设计，并满足承载力、刚度、整体稳定性的要求；超过一定规模的危险性较大分部分项工程，按规定组织专家论证。

混凝土模板检查验收应达到《混凝土结构工程施工质量验收规范》GB 50204—2015、《混凝土结构工程施工规范》GB 50666—2011 要求标准。见表 9-4。

模板验收标准 表 9-4

项目		允许偏差（mm）	检验方法
轴线位置		5	尺量
底模上表面标高		±5	水准仪或拉线、尺量
模板内部尺寸	基础	±10	尺量
	柱、墙、梁	±5	尺量
	楼梯相邻踏步高差	±5	尺量
垂直度	柱、墙层高≤6rn	8	经纬仪或吊线、尺量
	柱、墙层高＞6rn	10	经纬仪或吊线、尺量
相邻两块板表面高差		2	尺量
表面平整度		5	2m 靠尺和塞尺量测

5.1.4 钢筋工程

钢筋进场后进行抽样检测，合格后投入使用。

抗震钢筋符合设计要求。

钢筋弯折的弯弧内直径应符合下列规定：

光圆钢筋，不应小于钢筋直径的 2.5 倍；

335MPa 级、400MPa 级带肋钢筋，不应小于钢筋直径的 4 倍；

500MPa 级带肋钢筋，当直径为 28mm 以下时不应小于钢筋直径的 6 倍，当直径为 28mm 及以上时不应小于钢筋直径的 7 倍；

箍筋弯折处尚不应小于纵向受力钢筋的直径；

纵向受力钢筋的弯折后平直段长度应符合设计要求。光圆钢筋末端作 180° 弯钩时，弯钩的平直段长度不应小于钢筋直径的 3 倍。

根据《混凝土结构工程施工质量验收规范》GB 50204—2015，钢筋安装检验标准如表 9-5 所示：

钢筋检验标准

表 9-5

项目		允许偏差（mm）	检验方法
绑扎钢筋网	长、宽	±10	尺量
	网眼尺寸	±20	尺量连续三档，取最大偏差值
绑扎钢筋骨架	长	±10	尺量
	宽、高	±5	尺量
纵向受力钢筋	锚固长度	−20	尺量
	间距	±10	尺量两端，中间各一点，取最大偏差值尺量
	排距	±5	
纵向受力钢筋、箍筋的混凝土保护层厚度	基础	±10	尺量
	柱、梁	±5	尺量
	板、墙、壳	±3	尺量
绑扎钢筋、横向钢筋间距		±20	尺量连续三档，取最大偏差值
钢筋弯起点位置		20	尺量，沿纵、横两个方向量测，并取其中偏差的较大值
预埋件	中心线位置	5	尺量
	水平高差	+3，0	塞尺量测

5.2 质量控制要点

5.2.1 止水钢板的质量控制要点

止水钢板表面无油污，无断裂，无明显锈蚀；

止水钢板厚度为 3mm，宽不小于 300mm，弯折 50cm，弯折角度 45°；

止水钢板采用焊接连接，焊缝应严密饱满，无漏焊，严禁焊穿钢板；

止水钢板安装应注意迎水面方向，不可反向安装；

钢板固定按照短钢筋头 20～30cm 一道设置，保证钢板稳固可靠，短钢筋头设置在钢板正中位置；

钢丝网应紧贴钢筋头在先浇混凝土侧设置，保证止水钢板埋入深度。在底板上下面纵横筋每个交接位置采用钢丝满扎固定，避免漏浆；

侧墙后浇带短钢筋网片应焊接牢固，避免混凝土浇至后浇带内。

5.2.2 橡胶止水带质量控制要点

止水带宽度满足设计要求，且不小于 30cm，连接采用热压焊接，接头不得设置在转角处；

止水带转弯位置应做成圆弧形；

止水带应采用专用钢筋固定，并与底板钢筋绑扎形成稳固结构；

钢丝网应紧贴钢筋头在先浇混凝土侧设置，保证止水带埋入深度。

5.2.3 架体搭设及模板质量控制要点

架体搭设材料应复试合格；

架体搭设应能满足一次搭设，两次拆除，完全分离设置要求；

后浇带独立支撑架体应采用黄油漆涂刷标识，避免工人误拆；

支撑架体顶部木枋、钢管严格按照尺寸下料搭设，与周边模板体系分离设置；

满堂架搭设完成至后浇带内混凝土达 100％ 强度期间，严禁拆除独立支撑脚手架任何构件；

楼板后浇带两侧必须采用梳齿板支设。

5.2.4 混凝土浇筑及养护质量控制要点

混凝土浇筑应提前 1h 洒水湿润作业面；

后浇带底部积水应抽干，杂物应清理干净；

混凝土限制膨胀率满足设计要求，标号应高于两侧混凝土一个标号；

浇筑过程连续，避免形成冷缝，振捣密实，面部与两侧混凝土平齐；

养护应保温保湿，养护时间不少于 14d。

第十章 普通混凝土施工工艺标准

1 编制说明

本章为混凝土工程施工工艺，主要包括：混凝土浇筑准备、混凝土试验检验、混凝土泵送施工、基础混凝土施工、框架柱混凝土施工、剪力墙及梁板混凝土施工、大体积混凝土施工、钢管混凝土施工、冬季混凝土施工等九项内容。

本章对施工准备、工艺流程、各分项工程施工要点、质量检验标准作了介绍。

参照规范及标准 表 10-1

序号	名称	备注
1	《普通混凝土拌合物性能试验方法标准》	GB/T 50080—2011
2	《混凝土结构工程施工质量验收规范》	GB 50204—2015
3	《混凝土结构工程施工规范》	GB 50666—2011
4	《混凝土泵送施工技术规程》	JGJ/T 10—2011
5	《普通混凝土配合比设计规程》	JGJ 55—2011
6	《建筑工程冬期施工规程》	JGJ/T 104—2011
7	《自密实混凝土设计与施工指南》	CCES 02：2004
8	《自密实混凝土应用技术规程》	CECS 203：2006
9	《钢管混凝土结构技术规程》	CECS 28：2012
10	《高强混凝土结构技术规程》	CECS 104：99
11	建筑施工手册（第五版）	

2 施工准备

2.1 技术准备

编制专项施工方案并进行交底；

查阅混凝土材质单、质量合格证，核对混凝土配合比报告。

2.2 机具设备准备

机具设备：混凝土输送泵、布料机、插入式振捣器等。

主要工具：手推车、串筒、溜槽、吊斗、大小平锹、铁钎、抹子、试块模具等。

2.3 作业条件准备

混凝土浇筑部位层的模板、钢筋、预埋件及管线等全部安装完毕，经检查符合设计要求，并办完隐、预检手续；

模板内的杂物和钢筋上的油污等应清理干净，模板的缝隙和孔洞应堵严；

混凝土泵调试能正常运转，浇筑混凝土用的架子及马道已支搭完毕，并经检验合格；

已进行全面施工技术交底，混凝土浇筑申请书已被批准；

现场运输道路畅通，满足浇筑施工的要求；

夜间施工配备好足够的夜间照明设备。

3 混凝土施工工艺流程

3.1 普通混凝土施工工艺流程

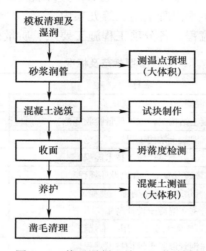

图 10-1　普通混凝土施工工艺流程

4 施工要点

4.1 混凝土浇筑准备

4.1.1 工艺流程1：制定施工方案并交底

（1）施工要点

编制混凝土施工方案，审批通过之后进行交底。

（2）控制标准

混凝土输送、浇筑、振捣、养护方式、机具设备选择；

浇筑、振捣技术控制措施；

施工缝、后浇带留设；

混凝土养护控制措施。

4.1.2 工艺流程2：机具准备

（1）施工要点：

机具设备：混凝土输送泵、布料机、插入式振捣器；

辅助机具：手推车、串筒、溜槽、吊斗、大小平锹、铁钎、抹子、试块模具。

（2）控制标准：

浇筑前进行盘点，保证机具设备齐全；

浇筑前对相关机具检查调试，保证正常运转，如图10-2、图10-3所示。

图10-2　车载泵、混凝土泵车（天泵）、拖泵

图10-3　布料杆、振捣棒、收光机

4.1.3　工艺流程3：季节性施工准备

（1）施工要点

做好雨季、冬季及特殊天气混凝土浇筑的准备工作。

（2）控制标准

加强气象预测预报的联系工作；

雨季准备好抽水设备及防雨、防汛物资；

冬季做好保温，防寒措施，如图10-4、图10-5所示。

图10-4　岩棉被、暖风机、三防布

图10-5　水泵、彩条布、防汛沙袋

4.1.4　工艺流程 4：隐蔽工程验收、技术复核

（1）施工要点

隐蔽工程应进行预检和隐蔽验收，符合要求方可浇筑。

（2）控制标准

模板标高、位置及构件截面尺寸复核；

支架的稳定性、模板固定及拼缝情况复核；

钢筋与预埋件的规格、数量、安装位置及焊缝复核，如图 10-6 所示。

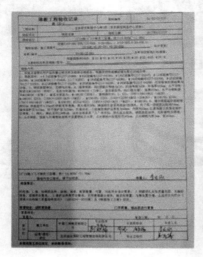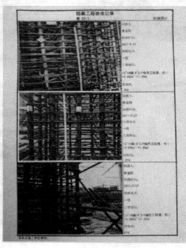

图 10-6　隐蔽验收记录

4.1.5　工艺流程 5：混凝土原材料准备

（1）施工要点

提前与搅拌站沟通，明确不同部位不同季节混凝土强度等级及配合比要求。

（2）控制标准

需明确浇筑部位混凝土设计强度等级，外加剂要求；

搅拌站提前通过试验确定最佳配合比；

明确抗冻及大体积混凝土配合比及外加剂的要求，保证大体积混凝土需保证供应的及时性、连续性，如图 10-7、图 10-8 所示。

4.1.6　工艺流程 6：混凝土浇灌申请单

（1）施工要点

项目内部各部门协调，控制混凝土强度等级及方量。

（2）控制标准

工长熟悉图纸，明确混凝土标号及特殊添加剂要求；

材料员向商混站报送计划，明确配合比要求；

混凝土进场对材质单进行复核，如图 10-9 所示。

图 10-7　混凝土开盘鉴定

132

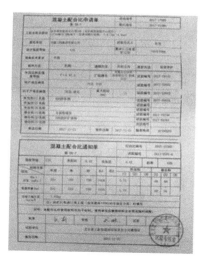

图 10-8　混凝土配合比申请

图 10-9　混凝土浇灌申请单

4.2　混凝土试验检验

4.2.1　工艺流程1：混凝土坍落度检测

（1）施工要点

在浇筑现场使用坍落度桶、插捣棒、坚实模板测试坍落度。

（2）控制标准

混凝土试样分三层均匀的装入筒内，捣实后的每层高度为筒的1/3，每层用捣棒插捣25次；

坍落度筒的提离过程应在5～10s完成，整个试验过程需在150s内完成，如图10-10所示。

图 10-10　测试坍落度

4.2.2　工艺流程2：现场混凝土取样

（1）施工要点

试模内涂刷脱模剂。

（2）控制标准

装填高度高出试模表面1～2cm，并用抹刀初步抹平，保证振动后试块截面平整且不低于试模边缘；

现场混凝土取样分两次装填、插捣，如图 10-11 所示。

图 10-11　混凝土取样

4.2.3　工艺流程 3：混凝土试块振捣

（1）施工要点

使用振捣台、捣棒按规范要求进行振捣。

（2）控制标准

坍落度≤70mm 使用振捣台，坍落度＞70mm 使用捣棒；

装料时抹刀沿试模内壁插捣，混凝土拌合物高处试模口；

持续振动，至表面出浆，不得过振，如图 10-12 所示。

4.2.4　工艺流程 4：混凝土试块拆模

（1）施工要点

使用小型空压机、振动锤脱模。

（2）控制标准

用气泵插入试模底面的气孔，并卡牢固，轻轻抬起，不宜过高，以免造成棱角破坏；

逐渐由小到大打开气门，将试块吹出，并用油灰刀去除试块边角的毛刺，如图 10-13 所示。

<table>
<tr><td>图 10-12　振捣试块</td><td>图 10-13　试块拆模</td></tr>
</table>

4.2.5　工艺流程 5：混凝土试块标记

（1）施工要点

试模涂刷脱模剂后在底部放置标识标签，字面朝下。

（2）控制标准

脱模后将试块表面浮浆用毛刷清理干净；

试块擦除干净后进行标记，用油性马克笔将工程名称、浇筑部位、强度等级、成型日期、养护类型等信息标记清晰，如图 10-14 所示。

图 10-14　标记试块

4.2.6　工艺流程 6：混凝土试块养护

（1）施工要点

成型试块放入标养室进行标准养护。

（2）控制标准

温度 20±2℃，相对湿度 95% 以上；

试块摆放均匀、在支架间距 10～20mm，试件表面保持潮湿，不得被水直接冲淋；

标准养护龄期 28d，如图 10-15 所示。

图 10-15　养护试块

4.3　混凝土泵送施工

4.3.1　工艺流程 1：浇筑方式的选择

控制要点：

场地宽阔，长度、高度允许时，优选天泵；

泵送高度过高、距离过长，无法选用天泵浇筑时，选择地泵；

天泵、地泵难以覆盖的位置，使用塔吊、溜槽等辅助浇筑。

混凝土泵类型见表 10-2。

混凝土泵类型　　　　　　　　　　　　　　　　　表 10-2

序号	类型	适用范围
1	汽车泵	适用于浇筑高度较低及半径小于 60m 的工程
2	拖泵	适用于浇筑距离远，浇筑高度大于 60m 的工程
3	料斗	适用于小方量混凝土浇筑

4.3.2　工艺流程 2：混凝土泵的选型

控制要点：

根据平均输送量及输送距离进行选型；

根据浇筑量、泵送能力及现场施工条件计算输送泵数量；

根据工程的轮廓形状、工程量分布、地形和交通条件确定混凝土泵车现场布置。混凝土泵型号见表 10-3。

混凝土泵型号   表 10-3

序号	建议型号	输送距离	混凝土理论排量
1	SY5416THB-48	48m	高压 100m³/h，低压 140m³/h
2	SY5416THB-66	66m	高压 110m³/h，低压 200m³/h
3	HBT60C	垂直 250m，水平 850m	高压 45m³/h，低压 75m³/h
4	HBT80C	垂直 320m，水平 1000m	高压 50m³/h，低压 85m³/h
5	HBT90CH	垂直 480m，水平 1300m	高压 60m³/h，低压 90m³/h

4.3.3 工艺流程 3：泵管布设

（1）下基坑泵管布设

1）施工要点

泵管采用钢管架进行加固；为防止堵管，应采用增加水平管或弯管，增加排气阀门的措施。

2）控制标准

缩短泵管长度，少用弯管，重点部位安装短管用管卡结；

混凝土泵管道在钢筋模板上需设置支垫（一般柔性材料）；

泵管转弯处必须进行固定，如图 10-16 所示。

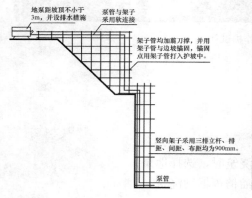

图 10-16 下基坑泵管布设图

（2）超高层泵管布设

1）施工要点

根据输送高度考虑输送泵、泵管直径、壁厚、接头形式。

2）控制标准

竖向立管应设置弯管缓冲段；

分阶段设置辅助立管，且需设置液压切换设备；

地面水平管距输送泵 20m 处设置液压截止阀；

在垂直管路起点处安装另一套液压截止阀，如图 10-17 所示。

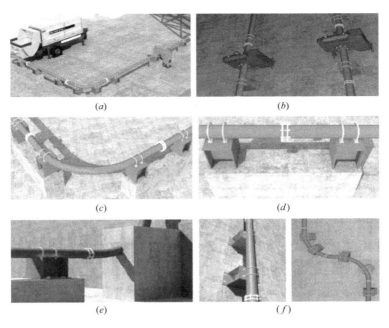

图 10-17　超高层泵管布设图

(a) 地面水平截止阀；(b) 立管截止阀；(c) 弯管固定；(d) 水平管固定；
(e) 水平转垂直处弯管；(f) 竖向管道固定

4.3.4　工艺流程4：混凝土泵送

控制标准：

混凝土泵送启动后，按照水→水泥砂浆的顺序泵送，调整好水、水泥砂浆的数量、控制好泵送节奏；

开始时混凝土泵应处于慢速、匀速、并随时可反泵的状态，待稳定后再转入正常泵送；

泵送过程中要定时检查活塞的冲程；

泵送过程中应保持混凝土面不低于上口20cm；

图 10-18　混凝土泵送

夏季泵送时需用湿草帘覆盖泵管，冬季应增加保温措施；

泵送结束时，按混凝土→水泥砂浆→水的顺序泵送收尾，如图 10-18 所示。

4.4　基础混凝土施工

4.4.1　工艺流程1：基础混凝土浇筑面清理

(1) 施工要点

空压机、吸尘器和人工清扫等方式清理基础待浇面。

(2) 控制标准

浇筑面无积水，钢筋表面无油污，底板钢筋内无垃圾杂物，如图 10-19 所示。

图 10-19　清理效果图

4.4.2　工艺流程 2：基础混凝土浇筑振捣

（1）施工要点

分层连续浇筑，振捣点布置均匀，如图 10-20 所示。

（2）控制标准

混凝土分层浇筑，每层厚度≤500mm；

混凝土浇筑应连续进行，间隔时间≤2h；

振捣插点间距 500mm，每个插点振捣时间 20～30s。振捣示意图见图 10-20。

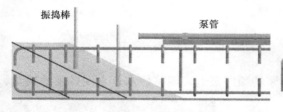

图 10-20　振捣示意图

4.4.3　工艺流程 3：基础混凝土收面

（1）施工要点

混凝土初凝前和终凝前宜分别对裸露表面进行抹面处理，高温天气抹面次数宜适当增加，如图 10-21 所示。

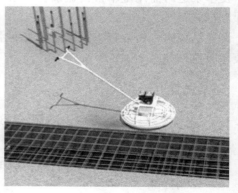

图 10-21　收面效果图

（2）控制标准

混凝土表面处理，应做到"三压三平"；

浇筑至设计标高，大尺刮平，第一次抹压；局部使用抹子二次抹压收平；终凝前磨光机三次打磨，防止表面裂缝产生。

4.4.4 工艺流程4：基础混凝土养护

（1）施工要点

收面完成后铺设塑料薄膜，并在12h内洒水养护，如图10-22所示。

图10-22 养护效果图

（2）控制标准

保湿养护的持续时间≥14d；

塑料薄膜完整，搭接≥100mm；

保持混凝土表面湿润。

4.4.5 工艺流程5：基础混凝土凿毛

（1）施工要点

放出轴线、控制线、墙柱边线；施工缝处凿毛处理，压力水冲洗干净，如图10-23所示。

（2）控制标准

剔除浮浆、疏松石子、软弱混凝土，露出粗骨料；

钢筋清理，去除油污；

表面湿润无积水，如图10-23所示。

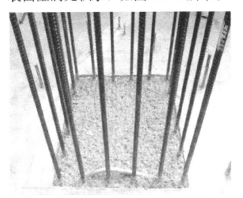

图10-23 凿毛效果图

4.5　框架柱混凝土施工

4.5.1　工艺流程1：框架柱浇筑面清理

（1）施工要点

合模前，使用空压机、吸尘器和人工清扫等方式清理框架柱底部杂物；

模板表面洒水，保持湿润状态。

（2）控制标准

底部无杂物，钢筋无污锈，模板湿润且底部无积水，如图10-24所示。

图10-24　浇筑面清理效果图

4.5.2　工艺流程2：框架柱混凝土浇筑

（1）施工要点

使用溜槽、串筒或挡板分层均匀注入模板内，浇筑一排柱时应从两端向中间推进。

（2）控制标准

混凝土分层浇筑，每层厚度≤500mm；

混凝土浇筑应连续进行，间隔时间≤2h，如图10-25所示。

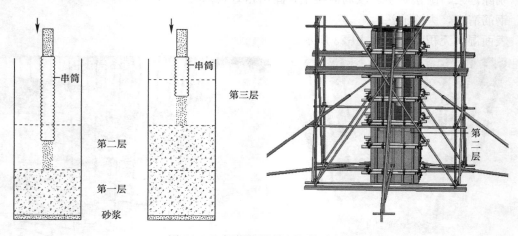

图10-25　框架柱混凝土浇筑示意图

4.5.3 工艺流程3：框架柱混凝土振捣

（1）施工要点

振捣应快插慢拔，均匀振捣，无漏振、欠振、过振。

（2）控制标准

振捣棒不得触动钢筋和预埋件；

逐点移动、顺序进行、均匀振实、不得遗漏；

移动间距≤400m，振捣上层时插入下层距离≥50m；

柱截面≤600mm，中间振捣，柱截面≥600mm，梅花型振捣，如图10-26所示。

4.5.4 工艺流程4：框架柱混凝土养护

（1）施工要点

柱终凝后刷养护剂、洒水、包裹塑料布进行养护。

（2）控制标准

养护时间≥7d；

塑料薄膜完整，搭接≥100mm；

保持混凝土表面湿润，如图10-27所示。

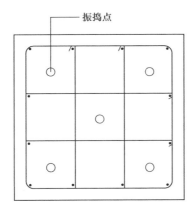

图10-26 振捣布置图

图10-27 养护示意图

4.5.5 工艺流程5：框架柱混凝土凿毛

（1）施工要点

放出轴线、控制线、墙柱边线；使用电锤或人力进行接茬面凿毛清理。

（2）控制标准

剔除浮浆、疏松石子、软弱混凝土，露出粗骨料；

钢筋清理，去除污锈；

表面湿润无积水，如图10-28所示。

4.5.6 工艺流程6：框架柱成品保护

（1）施工要点

在拆模后用护角做好角部包封，防止撞伤混凝土阳角。

图10-28 凿毛效果图

（2）控制标准

所有框架柱四角均应做好护角；

护角采用醒目标识，颜色黄黑相间，如图 10-29 所示。

废旧模板

图 10-29　成品保护示意图

4.6　剪力墙、梁板混凝土施工

4.6.1　工艺流程 1：浇筑面清理

（1）施工要点

合模前，使用空压机、吸尘器和人工清扫等方式清理，剪力墙、梁底部预留清扫口，清扫完成后封堵；

图 10-30　浇筑面清理效果图

模板表面洒水，保持湿润状态。

（2）控制标准

底部无杂物，钢筋无污锈，模板湿润且底部无积水，如图 10-30 所示。

4.6.2　工艺流程 2：混凝土整体浇筑顺序

（1）施工要点

先墙柱，再梁板；墙柱分层浇筑，梁板赶浆浇筑。

（2）控制标准

墙柱每层浇筑厚度≤500mm，间隔时间≤2h；

墙柱高度≤3m 时，可直接浇筑；高度>3m 时，需使用串筒或溜槽进行浇筑；

剪力墙浇筑应分段浇筑，每层单向流水作业，均匀上升，如图 10-31～图 10-34 所示。

4.6.3　工艺流程 3：剪力墙混凝土浇筑

（1）施工要点

使用溜槽、串筒或挡板分层均匀注入模板内，采用长条流水作业，分段浇筑，均匀上升。

（2）控制标准

混凝土分层浇筑，每层厚度≤500mm；

混凝土浇筑应连续进行，间隔时间≤2h；

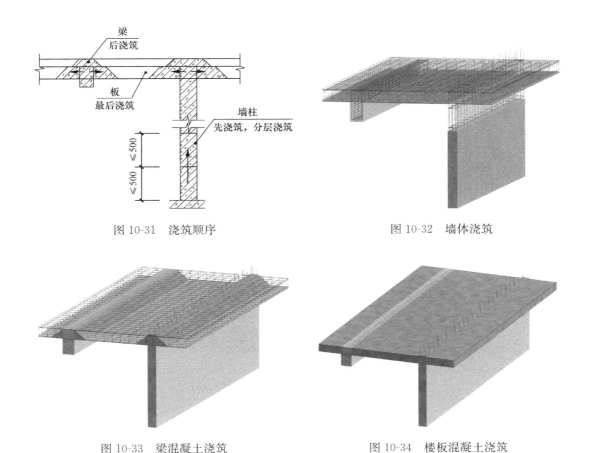

图 10-31　浇筑顺序　　　　　　图 10-32　墙体浇筑

图 10-33　梁混凝土浇筑　　　　图 10-34　楼板混凝土浇筑

剪力墙洞口两侧对称浇筑振捣，如图 10-35 所示。

4.6.4　工艺流程 4：剪力墙混凝土振捣

（1）施工要点

振捣应快插慢拔，均匀振捣，无漏振、欠振、过振。

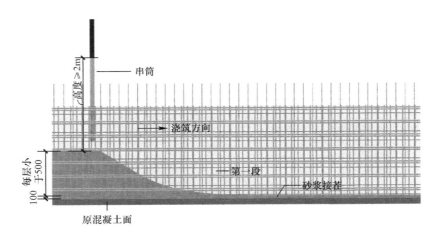

图 10-35　剪力墙混凝土浇筑示意图

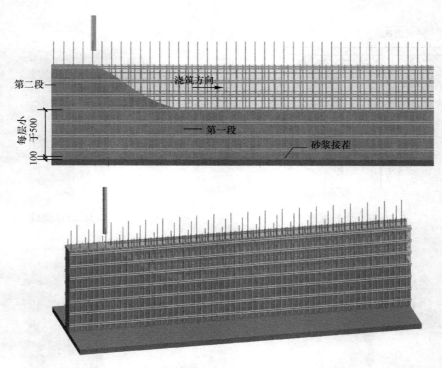

图 10-35　剪力墙混凝土浇筑示意图（续）

（2）控制标准

振捣点根据墙厚排成"单排式"或"梅花式"；

振捣棒不得触动钢筋和预埋件；

振捣倾斜表面时，由低向高处振捣；

移动间距≤500mm，振捣上层时插入下层距离≥50mm，如图 10-36 所示。

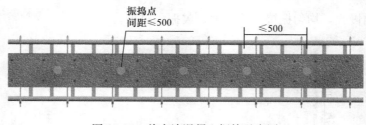

图 10-36　剪力墙混凝土振捣示意图

4.6.5　工艺流程 5：梁板混凝土浇筑

（1）施工要点

"赶浆法"浇筑混凝土。

（2）控制标准

先浇筑梁，根据梁高分层浇筑形成阶梯形；

浇筑至板底位置时再与板一起浇筑，随阶梯形不断延伸，梁板混凝土浇筑连续向前进行，如图 10-37 所示。

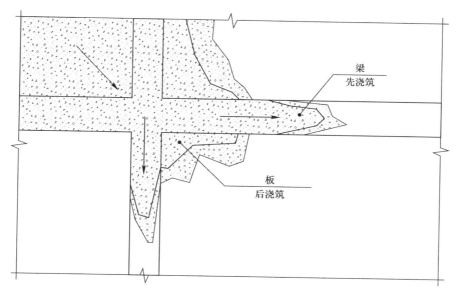

图 10-37 梁板混凝土浇筑示意图

4.6.6 工艺流程 6：梁板混凝土振捣

（1）施工要点

不应欠振、漏振、过振，振捣棒不得触动钢筋和预埋件。

（2）控制标准

振捣器移动间距应覆盖已振实部位混凝土边缘；

当混凝土表面无明显塌陷、有水泥浆出现、不再冒气泡时，可结束该部位振捣，如图 10-38 所示。

图 10-38 梁板混凝土振捣示意图

4.6.7 工艺流程 7：施工缝留设

（1）施工要点

墙柱应留水平缝，梁板应留垂直缝。

（2）控制标准

施工缝留置在基础的顶面、梁上面、无梁楼板柱帽的下侧；

大断面梁施工缝应留置在板底以下 20～30mm 处；

有主次梁的楼板施工缝留置在次梁跨度中间 1/3 范围内；

楼梯施工缝应留在踏步板的 1/3 处，如图 10-39 所示。

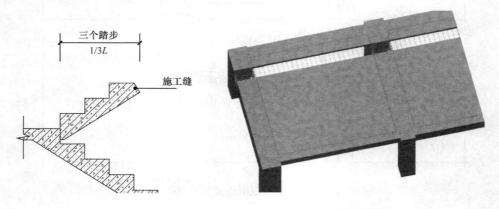

图 10-39　施工缝留设

4.6.8　工艺流程 8：梁板混凝土标高控制

（1）施工要点

浇捣过程中，使用挂线、插钎等方法控制板厚。

（2）控制标准

严格按照标高抄测点挂线，专职人员复核标高；

垂直插钎，不得倾斜；

实时纠正不合格板厚，如图 10-40 所示。

图 10-40　复核标高

4.6.9　工艺流程 9：梁板不同强度混凝土界面处理

（1）施工要点

先浇筑高强度混凝土，再浇筑低强度混凝土；

控制振捣时间，避免冷缝出现。

（2）控制标准

在不同强度混凝土交接处采用钢丝网封堵；

混凝土浇筑应连续进行，间隔时间≤2h，如图 10-41 所示。

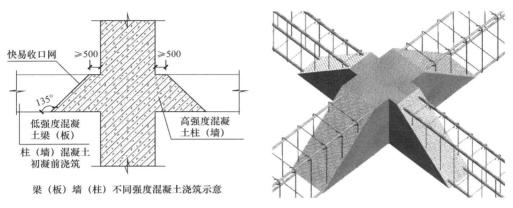

图 10-41　界面处理示意图

4.6.10　工艺流程 10：混凝土收面

（1）施工要点

混凝土初凝前和终凝前宜分别对裸露表面进行抹面处理。

（2）控制标准

混凝土表面处理，应做到"三压三平"；

浇筑至设计标高，大尺刮平，第一次抹压；局部使用抹子二次抹压收平；终凝前磨光机三次打磨，防止表面裂缝产生，如图 10-42、图 10-43 所示。

图 10-42　抹子二次抹压收平

图 10-43　磨光机打磨

4.6.11　工艺流程 11：混凝土养护

（1）施工要点

混凝土终凝后刷养护剂、洒水、包裹塑料布进行养护。

（2）控制标准

养护时间≥7d；

塑料薄膜完整，搭接≥100mm；

保持混凝土表面湿润，如图10-44所示。

4.6.12　工艺流程12：混凝土凿毛

（1）施工要点

放出轴线、楼板面50cm控制线、墙柱边线；施工缝处凿毛处理，压力水冲洗干净。

（2）控制标准

剔除浮浆、疏松石子、软弱混凝土，露出粗骨料；

钢筋清理，去除污锈；

水冲干净，不得积水；

轴线允许偏差±5mm，墙柱线允许偏差±3mm，如图10-45所示。

图10-44　养护示意图　　　　图10-45　凿毛效果图

4.6.13　工艺流程13：成品保护

（1）施工要点

在拆模后用护角做好角部包封，防止撞伤混凝土阳角。

（2）控制标准

所有剪力墙四角均应做好护角；

护角采用醒目标识，颜色黄黑相间，如图10-46所示。

图10-46　护角示意图

4.7　大体积混凝土施工

4.7.1　工艺流程1：大体积混凝土浇筑面清理

（1）施工要点

空压机、吸尘器和人工清扫等方式清理，使用水泵抽除集水坑积水。

（2）控制标准

浇筑面无积水、钢筋表面无油污，模板内无垃圾杂物，如图10-47所示。

4.7.2 工艺流程 2：大体积混凝土浇筑（斜面分层）

（1）施工要点

面积较大、厚度较厚混凝土采取斜面分层浇筑、浇筑过程需连续浇筑，避免出现冷缝。

（2）控制标准

浇筑自由高度不超过 2m，超过 2m 需使用串筒溜槽等；

先浇筑深坑部位再浇筑大面积基础部分；

分层厚度 300～350mm，坡度 1∶6～1∶7，浇筑倒退进行，下层混凝土初凝前，必须将上层混凝土覆盖捣实，避免出现冷缝，如图 10-48 所示。

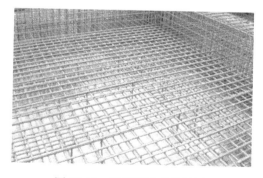

图 10-47　浇筑面清理效果图

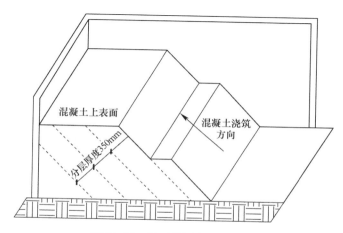

图 10-48　斜面分层浇筑示意图

4.7.3 工艺流程 3：大体积混凝土浇筑（全面分层）

（1）施工要点

小面积大体积混凝土（住宅基础、柱墩等）浇筑采用全面分层浇筑。

（2）控制标准

浇筑自由高度不超过 2m，超过 2m 需使用串筒溜槽等；

水平分层，分层厚度 200～300mm，沿长边方向浇筑，下层混凝土初凝前，必须将上层混凝土覆盖捣实，避免出现冷缝，如图 10-49 所示。

4.7.4 工艺流程 4：大体积混凝土振捣

（1）施工要点

分层连续振捣，振捣点布置均匀，下层混凝土初凝前二次振捣。

（2）控制标准

按照分层厚度分别进行振捣，振捣棒的前段应插入前一层混凝土中，插入深度不应小于 50mm；

大体积混凝土浇筑流淌形成的坡顶和坡脚需适当振捣，不得漏振，如图 10-50 所示。

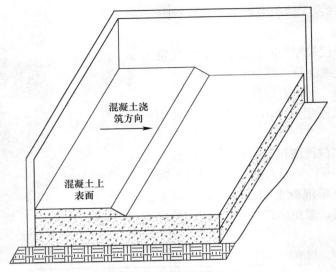

图 10-49　全面分层浇筑示意图

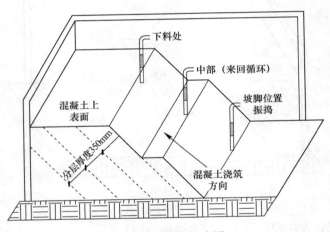

图 10-50　振捣示意图

4.7.5　工艺流程 5：大体积混凝土收面

（1）施工要点

混凝土初凝前和终凝前宜分别对裸露表面进行抹面处理，高温天气抹面次数宜适当增加。

（2）控制标准

混凝土表面处理，应做到"三压三平"；

浇筑至设计标高，大尺刮平，第一次抹压；局部使用抹子二次抹压收平；终凝前磨光机打磨，防止表面裂缝产生，如图 10-51 所示。

4.7.6　工艺流程 6：大体积混凝土测温点布置及要求

（1）施工要点

钢筋绑扎时预埋测温传感器、初凝后开始测温。

（2）控制标准

测温传感器探头间距≤0.6m，水平布置间距≤10m；

图 10-51　收面效果图

传感器垂直向下，不触碰钢筋；

不同厚度混凝土按要求分层布置，表面及底面测温点距外皮 50mm 布置，如图 10-52 所示。

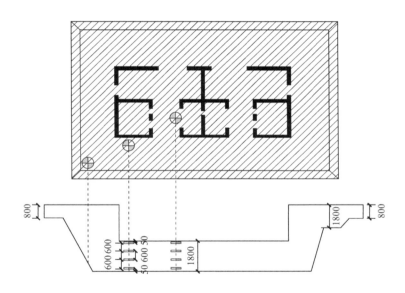

图 10-52　测温点布置图

4.7.7　工艺流程 7：大体积混凝土养护（保湿保温）

（1）施工要点

大体积混凝土初凝后开始保湿和保温养护。

（2）控制标准

混凝土表面洒水，使强度正常增长，低于 5℃，不能洒水；

混凝土终凝后，（塑料薄膜、草帘被）覆盖养护，控制降温速率在 2℃/d 以内；

普通硅酸盐水泥拌制的商品混凝土，浇水养护时间≥7d；

浇筑过程中降低混凝土温度差，内外温差控制在 25℃内，降低温度及收缩裂缝的产生，如图 10-53 所示。

图 10-53　养护处理

4.7.8　工艺流程 8：大体积混凝土泌水及浮浆处理

（1）施工要点

使用水泵排除泌水及积水。

（2）控制标准

垫层施工预留 2cm 坡度，利于排水；

结构四周侧模底部开设排水孔，及时排出泌水；

浇筑坡脚泌水及时使用小型水泵抽走，如图 10-54 所示。

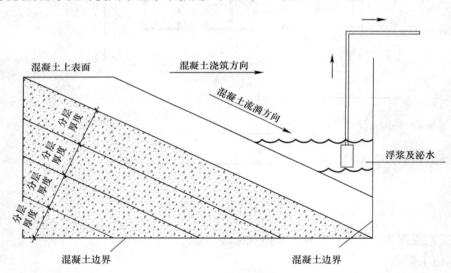

图 10-54　泌水及浮浆处理

4.7.9　大体积混凝土测温方法选择

（1）常规测温做法

控制标准：

测温点埋设，探头竖向间距≤600mm，水平布置间距≤10m；

初凝后使用测温仪测量；

测温频率：前 3d 每 2h 测 1 次，第 4～7d 内每 4h 一次，第 8～14d 每天测 1 次，同时测出大气温度，对比分析内外温差，并采取相应措施，如图 10-55 所示。

图 10-55　测温仪测温

（2）物联网无线智能混凝土温度监控系统

控制标准：

测温点埋设，探头竖向间距≤600mm，水平布置间距≤10m；

无线采集器安装，挂置位置距离板面 1m，端口分别编号；

混凝土浇筑过程中做好对探头的成品保护；

通过终端系统，使用接收器实时监测，如图 10-56 所示。

图 10-56　监控系统示意图

4.8　钢管混凝土施工

4.8.1　工艺流程 1：新旧混凝土连接部位砂浆浇筑

（1）施工要点

底层管柱浇筑混凝土前灌注砂浆。

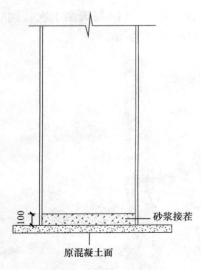

图 10-57　连接部位做法

（2）控制标准

底层管柱浇筑前先灌入 100mm 厚同等级水泥砂浆；

浇筑间隔时间超过终凝时间时，浇筑前需重新灌入砂浆，如图 10-57 所示。

4.8.2　工艺流程 2：钢管混凝土浇筑

（1）施工要点

宜采用自密实混凝土浇筑。

（2）控制标准

采用自密实、微膨胀混凝土；

钢管留设排气孔，孔径≥20mm，浇筑密实且有浆体流出后封堵；

浇筑高度大于 9m 需采用串筒、溜槽、溜管辅助浇筑混凝土，如图 10-58 所示。

图 10-58　钢管混凝土浇筑示意图

4.8.3　两种混凝土浇筑方式要点控制

（1）混凝土从顶管向下浇筑

1）施工要点

从管顶浇筑混凝土，避免离析。

2）控制标准

留有充分的下料位置，浇筑需使混凝土充盈整根钢管；

输送管端内径需比钢管内径小，每边留设大于 100mm 间隙；

分层浇筑、浇筑完毕后对管口临时封闭，如图 10-59 所示。

（2）混凝土从管底顶升浇筑

1）施工要点

管底浇筑混凝土，控制顶升速度。

2）控制标准

钢管底部设置进料输送管，进料管设置止流阀；

控制混凝土顶升速度，均衡浇筑至设计标高，如图 10-60 所示。

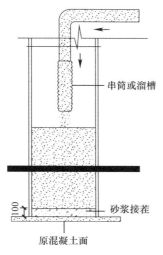

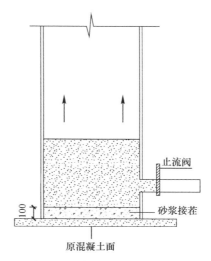

图 10-59　顶管向下浇筑示意图　　　　　图 10-60　管底顶升浇筑示意图

4.9　冬季混凝土施工

4.9.1　施工流程 1：冬季混凝土浇筑面清理

（1）施工要点

浇筑前对模板及钢筋表面进行清理。

（2）控制标准

雨雪天气之后清理模板及钢筋表面冰雪，保证模板表面无冰雪积水；

突遇雨雪天气需用彩条布覆盖浇筑面，待雨雪过后再重新清理浇筑混凝土，如图 10-61
所示。

4.9.2　工艺流程 2：冬季混凝土进场抽查、试块留置

（1）施工要点

控制好冬施混凝土坍落度，保证试块留置。

（2）控制标准

坍落度要求：冬季坍落度宜在 160mm±20mm；

试块制作：增加不少于 2 组同条件试块测定临界受冻强度，如图 10-62 所示。

图 10-61　浇筑面清理效果图　　　　　　图 10-62　留置试块

4.9.3 工艺流程3：冬季混凝土浇捣

（1）施工要点

做好浇筑过程中相关保温措施。

（2）控制标准

与搅拌站提前确定配合比，做好原材料加温；

罐车包裹保温棉被、泵管绑扎保温棉；

分段浇筑、快速振捣、快速收面，白天浇筑；

混凝土出罐温度不宜低于10℃，入模温度大于5℃，如图10-63所示。

图 10-63　保温处理示意图

4.9.4 工艺流程4：冬施混凝土测温点布置

（1）施工要点

墙柱梁板测温点按规范要求布置。

（2）控制标准

梁：测温孔垂直于梁轴线，孔深为梁高的 $1/3 \sim 1/2$；

柱：每根柱下端设置一个测温孔；

墙：墙厚小于20cm单向设置，孔深为墙厚 $1/2$，墙厚大于20cm双向设置，孔深为墙厚 $1/3$ 且不小于10cm，并与墙呈30°；

板：不大于 $20m^2$ 设置一个测温孔，孔深为板厚 $1/3 \sim 1/2$，如图10-64所示。

4.9.5 工艺流程5：冬施混凝土养护

（1）施工要点

做好保温养护，防止混凝土受冻。

（2）控制标准

竖向结构模板（木模、铝模、大钢模）外贴保温板；施工楼层洞口保温棉封闭并增加暖风机及火炉等升温措施；

室外温度大于−15℃，地面以下结构宜采用综合蓄热法养护，混凝土浇筑后首先覆盖塑料薄膜，然后加盖保温棉被等，如图10-65～图10-68所示。

4.9.6 工艺流程6：混凝土测温及保温养护撤除

控制标准：

室外最高、最低气温，环境温度（每昼夜不少于4次）；

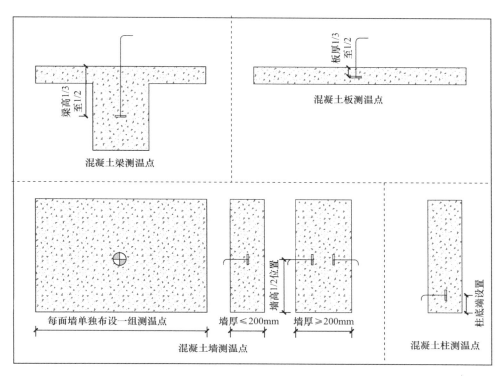

图 10-64　测温点布置图

图 10-65　楼板保温覆盖

图 10-66　大钢模保温

图 10-67　暖风机升温

图 10-68　框架柱包裹

混凝土温度：混凝土温度与环境温度差不大于 20℃，养护方法及测温要求见表 10-4；

养护方法及测温要求　　　　　　　　　　　　　　　　表 10-4

序号	保温养护方法	测温要求
1	综合蓄热法	每 4～6h /次
2	负温养护法	每 2h/次
3	加热法	恒温阶段 2h/次，升降温阶段 1h/次

模板和保温层在混凝土达到强度要求，并冷却到 5℃后方可拆除（内外温差不大于 20℃）；

拆模时混凝土温度与环境温度大于 20℃时，拆模后需做好保温，如图 10-69 所示。

图 10-69　混凝土测温

5　质量检验标准

5.1　普通混凝土质量检验标准

（1）外观质量
结构验收应在拆模后，混凝土表面未作修整和装饰前进行；
底板混凝土不漏筋，无裂缝，无蜂窝麻面；
施工缝、变形缝、后浇带等位置的止水带、止水钢板在浇筑过程中无移位、损坏；
结构拆模后不应有：主筋露筋、蜂窝、孔洞、夹渣、受力部位疏松等严重缺陷；
结构拆模后不应有一般质量缺陷。
（2）现浇结构位置和尺寸偏差
允许偏差及检验方法见表 10-5。

项目			允许偏差（mm）	检验方法
轴线位置	整体基础		15	经纬仪及尺量检查
	独立基础		10	经纬仪及尺量检查
	柱、墙、梁		8	尺量检查
垂直度	柱、墙层高	≤5m	8	经纬仪或吊线、尺量检查
		>5m	10	经纬仪或吊线、尺量检查
	全高（H）		H/1000 且≤30	经纬仪、尺量检查
标高	层高		±10	水准仪或拉线、尺量检查
	全高		±30	水准仪或拉线、尺量检查
截面尺寸			+8，−5	尺量检查
电梯井	中心位置		10	尺量检查
	长、宽尺寸		+25，0	尺量检查
	全高（H）垂直度		H/1000 且≤30	经纬仪、尺量检查
表面平整度			8	2m 靠尺和塞尺检查
预埋件中心位置	预埋板		10	尺量检查
	预埋螺栓		5	尺量检查
	预埋管		5	尺量检查
	其他		10	尺量检查
预留洞、孔中心线位置			15	尺量检查

5.2　钢管混凝土质量检验标准

结构验收应在混凝土表面未作修整和装饰前进行；

钢管内混凝土的强度等级符合设计要求；

钢管内混凝土的工作性能和收缩性能应符合设计要求和国家现行有关标准规定的要求；

钢管内混凝土的运输、浇筑及间歇时间不应超过混凝土的初凝时间，同一施工段内钢管混凝土应连续浇筑；

钢管柱内混凝土应浇筑密实；

钢管内混凝土的施工缝的设置应符合设计要求，当设计无要求时，应在专项施工方案中作出规定，且钢管柱对接焊口的钢管应高出混凝土浇筑面 500mm 以上，以防钢管焊接时高温影响混凝土质量；

钢管内的混凝土的浇筑方法及浇灌孔、顶升孔、排气孔的留置应符合专项施工方案的要求；

钢管内混凝土浇筑前，应对钢管安装质量检查确认，并应清理钢管内壁污物，混凝土浇筑后应对管口进行临时封闭；

钢管内混凝土浇筑后的养护方法和时间应符合专项施工方案要求；

钢管内混凝土浇筑后，浇灌孔、顶升孔、排气孔应按设计要求封堵，表面应平整，并进行表面清理和防腐处理。

第十一章 精确砌块墙体施工工艺标准

1 编制依据

编制依据见表11-1。

编制依据 表 11-1

序号	名称	备注
1	《砌体结构工程施工质量验收规范》	GB 50203—2011
2	《建筑工程施工质量验收统一标准》	GB 50300—2013
3	《砌体结构工程施工规范》	GB 50924—2014
4	《砌体结构设计规范》	GB 50003—2011
5	《蒸压加气混凝土建筑应用技术规程》	JGJ/T 17—2008
6	《建筑砌体工程施工工艺标准》	ZJQ00-SG-012-2003
7	《砌体填充墙结构构造》	12SG614-1
8	《钢筋混凝土过梁》	13G322-1
9	《蒸压加气混凝土砌块墙体构造》	13ZJ104
10	《蒸压加气混凝土砌块墙体建筑构造》	11ZJ103

2 施工准备

2.1 材料准备

2.1.1 主要尺寸

尺寸对照表见表11-2。

尺寸对照表 表 11-2

尺寸	精确砌块（mm）	
长度 L	300　600	
厚度 B	100　120　150　200　250	
高度 H	300	

2.1.2 允许偏差

允许偏差见表11-3。

允许偏差列表 表 11-3

项目		指标
尺寸允许偏差（mm）	长度	－3～0
	宽度	±1
	高度	±1
缺棱掉角	最小尺寸不得大于	30
	最大尺寸不得小于	70
	大于以上尺寸缺棱掉角个数，不多于（个）	2
裂纹长度	任一面上裂纹长度不得大于裂纹方向尺寸的	1/3
	大于以上尺寸的裂纹条数，不得多于	1

2.1.3 材料进场

配套材料进场需出具出厂合格证、产品出厂检验报告。

出厂砌块应采用托板按规格分垛、打包、堆放、运输；精确砌块运输、装卸时应轻装轻卸。场内宜采用专用手推平斗车进行运输，并堆叠整齐，防止砌块受到碰撞破损。当砌块采用集装托板垂直运输时，吊笼和托板应满足强度要求，并应设有尼龙网等安全罩。

堆放场地应坚实、平整、干燥，并有不受雨、雪影响设施，应按不同等级码放，堆码应稳定，堆置高度不宜超过2m，设置下垫上盖防雨雪措施，如图11-1、图11-2所示。

图 11-1 场内运输

图 11-2 场内堆放

2.1.4 机具准备

机具准备见表11-4。

机具一览表 表 11-4

序号	机具名称	功能	图例	工艺流程
1	刮刀	铲去混凝土表面突出物、浮浆		工艺流程：基层清理

序号	机具名称	功能	图例	工艺流程
2	墨斗	在板面上弹出控制轴线、墙体定位边线、控制线		工艺流程：定位放线
3	注胶枪	将调配好的植筋胶通过注胶枪注入植筋孔内		工艺流程：拉结筋、构造柱钢筋植筋
4	橡皮锤	砌体施工		工艺流程：墙体砌筑
5	切割机	砌块尺寸切割		工艺流程：墙体砌筑
6	瓦刀	涂抹、摊铺砂浆		工艺流程：墙体砌筑
7	砂轮打磨机	局部打磨平整		工艺流程：墙体砌筑
8	发泡剂	砌体与上层楼面梁底或板底间预留空隙嵌填		工艺流程：顶部缝隙填塞

2.1.5 技术准备

施工前组织工程部、商务部、质检部及技术人员对施工图纸进行审查，熟悉图纸设计要求和标准；并完成排砖图深化设计，并按设计要求和质量标准编制砌筑工程专项施工方案，如图 11-3、图 11-4 所示。

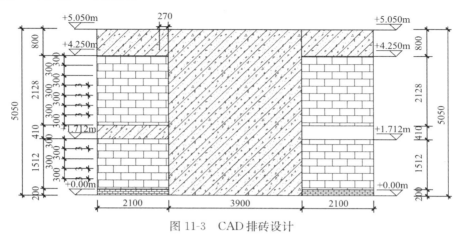

图 11-3　CAD 排砖设计

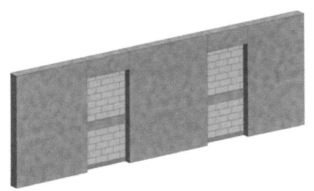

图 11-4　Revit 排砖设计

施工前对作业班组进行技术交底，确保砌筑工程按方案要求进行。

执行样板先行制度，提前编制样板引路方案，选定结构楼层作为砌筑实体样板实施层，砌筑样板作为后续砌筑施工、砌筑工程质量的检验标准，如图 11-5、图 11-6 所示。

图 11-5　砌体施工质量样板　　　　图 11-6　样板验收

3　工艺流程

精确砌块墙体施工工艺流程见图 11-7。

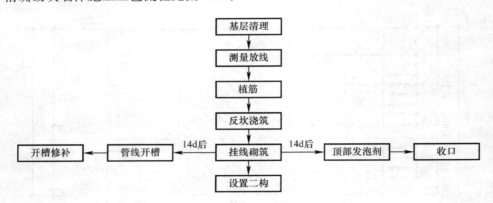

图 11-7　精确砌块墙体施工工艺流程

4　施工要点

4.1　工艺流程 1：基层清理

施工要点：

根据主体结构尺寸验收单进行结构验收并办理交接单；基层验收完成后，应进行基层清理；

要求将基层上的浮浆及残余松散混凝土块凿除，并清扫干净，如图 11-8 所示。

图 11-8　基层清理

4.2　工艺流程 2：测量放线

施工要点：

根据主控轴线弹出控制轴线，根据控制轴线弹出砌体边线；

有门窗洞口、过梁的墙体应根据建筑 1m 线弹出门窗洞口、过梁边线，如图 11-9～图 11-11 所示。

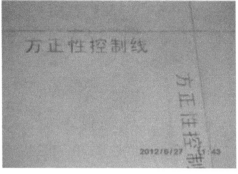

图 11-9　引轴线放出砌体控制轴线

图 11-10　通过控制轴线放出砌体边线

图 11-11　通过建筑 1m 线放出过梁、压顶的边线

4.3　工艺流程 3：拉结筋植筋

施工要点：

砌体放线完成，经报验检查合格后，在填充墙与混凝土结构交界处采用植筋方式对墙体拉接筋等进行植筋，如图 11-12～图 11-19 所示。

图 11-12　第一道植筋定位　　图 11-13　其余植筋定位

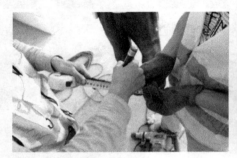

图 11-14　孔深定尺　　　　　　图 11-15　钻孔

图 11-16　清孔　　　　　　　　图 11-17　孔注胶

图 11-18　植筋　　　　　　　　图 11-19　拉拔试验

4.4 工艺流程 4：拉结筋和墙体连接

施工要点：

对有拉结筋部位的砌体切槽，槽口尺寸宽度和高度控制在 3～5cm，用橡皮锤将前端弯钩植入砌体墙中，再用 M7.5 水泥砂浆或专用粘接剂填平槽口，如图 11-20～图 11-23 所示。

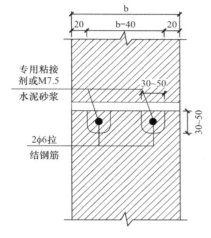

图 11-20　拉结筋切槽示意图

图 11-21　精确砌块切槽

图 11-22　拉结筋埋入精确砌块

图 11-23　专用粘接剂填实槽口

4.5 工艺流程 5：反坎施工

施工要点：

反坎浇筑应和结构一次性浇筑，降低施工成本；若不具备条件进行一次浇筑时，采用二次浇筑，浇筑前需凿毛，采用定型模板卡具固定，卡具间距 500mm，用定尺模板条控制截面宽度，如图 11-24～图 11-29 所示。

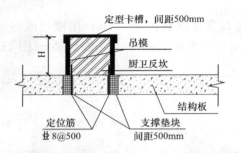

图 11-24 反坎支模方法（和结构同时浇筑）

图 11-25 反坎模板支设（和结构同时浇筑）

图 11-26 反坎凿毛（二次浇筑）

图 11-27 反坎模板支设（二次浇筑）

图 11-28 反坎成型质量（一）

图 11-29 反坎成型质量（二）

4.6 工艺流程 6：立杆挂线、砌墙

施工要点：

砌筑时设置皮数杆并带线，砌筑时采用满铺满挤法砌筑，错缝搭砌，临时间断时应留设斜槎，如图 11-30～图 11-35 所示。

图 11-30　砌体挂线

图 11-31　设置皮数杆

图 11-32　专用粘接剂满挤法砌筑

图 11-33　错缝搭砌

图 11-34　临时间断处理（斜槎）

图 11-35　成型质量

4.7 工艺流程 7：圈梁设置

施工要点：

墙体高度大于 4m 时设置圈梁，圈梁钢筋需根据不同的抗震设防烈度进行设置，详见下一章节圈梁质量控制要点，圈梁支模采用普通模板支设，采用定型模板卡具固定，卡具间距 500mm，宽度同墙厚，如图 11-36～图 11-39 所示。

图 11-36　圈梁钢筋绑扎　　　　　　　　图 11-37　圈梁模板支设

图 11-38　圈梁成型效果（一）　　　　　图 11-39　圈梁成型效果（二）

4.8 工艺流程 8：门窗过梁

施工要点：

门窗洞口处采用预制过梁或现浇混凝土过梁，预制过梁在施工现场采用定型模具预制，现浇过梁在洞口处支设模板，浇筑混凝土；门垛处构造墙体小于 240mm 时可优化为现浇混凝土门垛；当洞口处过梁顶标高与结构梁板底标高高差小于过梁梁高，按图示挂板构造做法，如图 11-40～图 11-47 所示。

图 11-40 预制过梁（两边砌体墙时采用）

图 11-41 现浇过梁
（有混凝土墙或柱时）

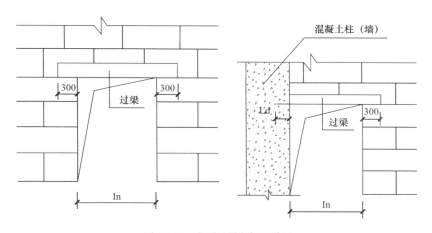
图 11-42 门窗过梁成型质量

图 11-43 钢筋混凝土过梁示意图

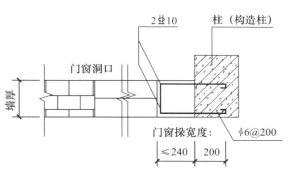
图 11-44 现浇混凝土门（窗）垛

171

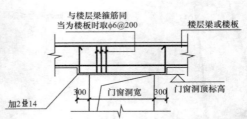

图 11-45　现浇门垛成型质量　　　　图 11-46　当洞口处过梁顶标高与
　　　　　　　　　　　　　　　　　　　　　结构板底标高高差小于过梁

图 11-47　挂板成型质量

4.9　工艺流程9：窗台压顶

施工要点：

墙体窗洞口部位窗台标高处应设置现浇钢筋混凝土窗台板，窗台板应伸入两边墙体不小于250mm，窗台板内放置3φ8纵向钢筋（或按设计要求施工）；

为防止雨水流入或渗漏至室内，窗台外露部分宜做成斜面，按5‰找坡，如图11-48～图11-51所示。

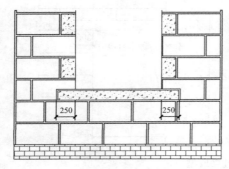

图 11-48　钢筋混凝土窗台板

图 11-49　窗台压顶模板支设

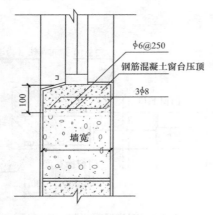

图 11-50　窗台压顶斜口大样

图 11-51　窗台压顶斜口成型质量

4.10 工艺流程10：砌体连接

施工要点：

填充墙与框架结构脱开连接时，填充墙与框架柱、梁的间隙可采用聚苯乙烯泡沫塑料板条或聚氨酯发泡材料填充，并用硅酮胶或其他弹性密封材料封堵，如图11-52～图11-55所示。

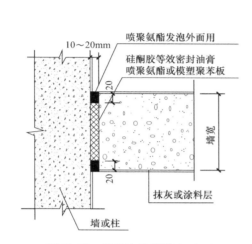

图11-52 墙柱边连接做法（一）

图11-53 墙柱边连接做法（二）

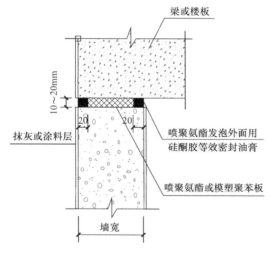

图11-54 梁板底连接做法

图11-55 精确砌块顶部嵌填

4.11 工艺流程11：构造柱

施工要点：

根据排版图，确定构造柱的位置和尺寸，构造柱底部钢筋预留，顶部钢筋植筋，构造柱与墙体之间设置马牙槎；构造柱模板加固采用对拉螺杆间距500mm设置，模板与墙面采用双面胶镶贴，防止漏浆，顶部预留喇叭口，混凝土浇筑可采用二构混凝土浇筑机，如图 11-56～图 11-61 所示。

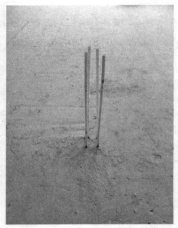

图 11-56　顶部竖向钢筋植筋　图 11-57　底部钢筋预留（套管保护）

图 11-58　钢筋绑扎、留槎　　　　图 11-59　构造柱模板支设样板

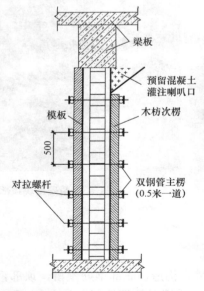

图 11-60　构造柱模板支设　　图 11-61　二构混凝土浇筑

4.12 工艺流程 12：管线开槽

施工要点：

管线开槽应在砌体砌筑完成 14d 后进行，开槽时应使用专用工具，先弹线，后开槽，严禁锤斧剔凿；

敷设管线后的槽应用专用修补材料进行填实，宜比墙面凹进 2mm，再用专用粘接剂补平，如图 11-62～图 11-66 所示。

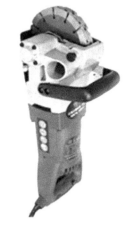

图 11-62　专用开槽机

图 11-63　管线、盒槽

图 11-64　管线、盒埋设

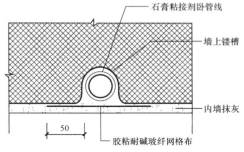

图 11-65　管槽填补、挂网措施

4.13 工艺流程 13：门窗洞口门垛设置

施工要点：

由门窗单位提供门窗洞口详图，根据详图留设门垛，若无设计图纸，根据以下方式留设门窗洞口：

门窗洞两侧预埋 C20 混凝土块或灰砂砖砌块，宽度同墙厚，高度应与砌块同高或砌块高度的 1/2 且不小于 100mm，长度不小于 200mm；

图 11-66　管线修补成型效果

最上部（或最下部）的混凝土块中心距洞口上下边的距离为 150~200mm，其余部位的中心距不大于 600mm，且均匀分布，如图 11-67、图 11-68 所示。

图 11-67　灰砂砖门垛　　　　　　　　　　图 11-68　混凝土块门垛

5　质量控制要点

5.1　植筋质量控制要点

拉结筋设置：100 厚墙体设置一根 $\phi6$ 的钢筋，埋入长度不少于 700mm；200 厚墙体设置两根 $\phi6$ 的钢筋，埋入长度不少于 700mm。

植筋深度应符合以下规定：

受拉钢筋锚固：$\max \{0.3l_s; 10d; 100mm\}$。$l_s = 0.2\alpha_{spt}df_y/f_{bd}$，式中 α_{spt} 为混凝土劈裂影响系数，一般取 1.00，d 为钢筋植筋，f_y 为植筋用钢筋强度的抗拉设计值，f_{bd} 为粘接抗剪强度强度设计值，一般取 2.3~5.5；

第一道植筋位置距地面根据排版图确定，其余间距按 600mm 准确定位，钻孔深度必须满足植筋深度。（规范要求植筋间距不大于 500mm，考虑到现场施工砖砌体的模数，将间距放大为 600mm）；

孔洞的清理要求用专用电动吹风机。

墙体拉接筋抗拔试验合格后才能进行砌筑。拉拔试验要求如下：

锚固钢筋拉拔试验的轴向受拉非破坏承载力检验值应为 6.0kN。抽检钢筋在检验值作用下，基材无裂缝，钢筋无滑移和宏观裂损；持荷 2min 期间荷载降低不应大于 5%。

5.2　砌筑质量控制要点

水平灰缝砂浆饱满度不应小于 90%，垂直灰缝砂浆饱满度不应低于 80%。砌筑时铺灰长度不得超过 750mm，气温达到 30℃以上时不超过 500mm；

砌筑时应预先试排砌块，并优先使用整体砌块。不得已须断开砌块时，应使用手锯、切割机等工具锯裁整齐，并保护好砌块的棱角，锯裁砌块的长度不应小于砌块总长度的 1/3。

搭砌长度一般为砌块长度的 1/2，不得小于 1/3，也不应小于 150mm；

砌体临时间断时可留成斜槎，不得留"马牙槎"，斜槎水平投影长度不应小于高度的 2/3。

5.3 圈梁质量控制要点

当墙厚 $h \geqslant 240mm$ 时，其宽度不宜小于 $2h/3$。圈梁高度不应小于 $120mm$。纵向钢筋不应少于 $4\phi10$，绑扎接头的搭接长度按受拉钢筋考虑，箍筋间距不应大于 $300mm$，当抗震设防烈度为 8 度时，纵向钢筋不应少于 $4\phi12$，箍筋间距不应大于 $200mm$，当抗震设防烈度为 9 度时，纵向钢筋不应少于 $4\phi14$，箍筋间距不应大于 $150mm$。

5.4 过梁质量控制要点

过梁伸入两边砌体墙体：6～8 度抗震要求时不应小于 $240mm$，9 度抗震要求时不应小于 $360mm$。

5.5 构造柱质量控制要点

马牙槎先退后进，进退尺寸为 $60mm$，马牙槎高度 $300mm$，进退线整齐，上下垂直成直线，沿墙高每隔 $600mm$ 设置 $2\phi6$ 水平钢筋，伸入填充墙不少于 $1m$。（抗震规范要求为每隔 500 设置，考虑到现场实际施工情况，将高度改为 $600mm$）；

构造柱纵向钢筋宜采用 $4\phi12$，箍筋直径可采用 $\phi6$，间距不大于 $250mm$，且在柱上端、下端适当加密；当 6、7 度超过 6 层，8 度超过 5 层和 9 度时，构造柱钢筋宜采用 $4\phi14$，箍筋间距不宜大于 $200mm$；箍筋加密区间距为 $100mm$，上端 $700mm$，下端 $500mm$；

采用铝合金模板施工时，构造柱可进行深化设计同结构同时施工，顶部或底部需采取隔断处理。

5.6 管线开槽质量控制要点

开凿深度不得超过墙厚 $1/3$，且应避免在同一位置及槽距 $500mm$ 范围内的墙体正、反面开槽；

所有开槽及线盒安装部位，均应在抹面层施工时压入耐碱网格布增强，网格布应超出开槽周边 $100mm$；管线埋设应在抹灰前完成。

第十二章　机电配合铝模、装配式住宅预埋施工工艺标准

1　施工准备

1.1　技术准备

施工前应对施工图进行审查，熟悉图纸掌握设计要求和标准；

铝模工艺施工前应对铝模、施工时间、现场状况进行检查核对，以确定对设计与规范的符合性；

装配式施工前对装配式建筑机电施工图进行深化设计；

按设计要求和质量标准编制专项施工方案；

施工前对作业人员进行技术交底，确保施工按照相关要求进行。

1.2　材料准备

电气配管采用 PVC 线管，型号规格应齐全，连接所需锁母，直接头应准备好；

预埋所需各类线盒，成品底盒应准备好，用作开关及插座、过线盒等线盒预埋前填塞泡沫并用胶带做好密封；

穿墙套管采用焊接钢管，按需要长度切割整齐，端口飞边毛刺应打磨干净；

成品止水节各种型号齐全，其中地漏预埋采用 $DN50$ 成品止水节；

给水平面管采用 PPR 管，型号规格应齐全，管件应准备好。

1.3　机具准备

PVC 线管弯管器、线管钳、卷尺；

钻孔机、开孔器、电焊机、切割机、螺丝刀等。

1.4　作业条件

PC 构件内预埋作业条件：生产模具拼装完成，构件内钢筋绑扎完成；

现场配管及地漏管预埋作业条件：施工楼层面叠合板吊装完毕，底部支撑全部固定好；

给水平面管施工作业条件：给水管留槽修补完成，现场施工楼层作业面清理干净；

机电配合铝模预留预埋施工作业条件：铝模拼装已完成止水节中心固定装置完成；套管中心固定方式完成。

2 机电一体化施工工艺

2.1 装配式住宅机电预埋整体思路

当装配式住宅使用叠合板时，为避免本楼层预埋线管被上下楼层室内装修钉子打到造成破坏，考虑将所属本楼层户内的电气预埋平面线管布置在本楼层顶板的叠合板内或是本楼层地板的现浇层内，如图 12-1 所示：

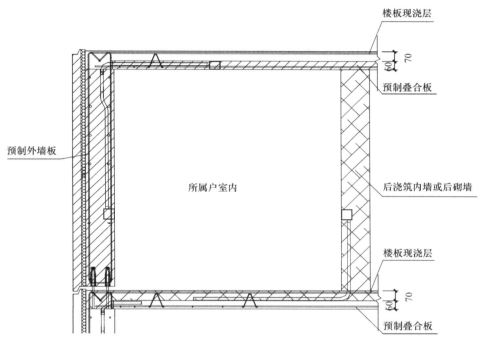

图 12-1　装配式住宅机电预埋布置图

说明：安装在预制外墙内的插座及开关盒的线管向上引，与叠合板内预留管对接；安装在室内后浇筑墙或后砌墙上的插座及其他线盒可根据需要向下引，与地板现浇层内的线管对接。

2.2 叠合板内预埋线管施工

2.2.1 工艺流程

线盒固定→手孔模具固定→叠合板内配管→叠合板混凝土浇筑形成→现场配管连接。

2.2.2 操作要点

工艺流程要点见表 12-1。

主要工艺	操作做法	施工示意图片
1. 线盒固定	根据深化设计的线盒位置将与线盒内配套尺寸钢片点焊在钢模上，线盒套在钢片上防止前后左右偏移，线盒上方用钢筋焊接固定在网架上防止上下偏移	
2. 手孔模具固定	先定位手孔模具位置，手孔模具进入叠合板混凝土层深度为3cm，然后将手孔模具点焊在的模台钢挡板上	
3. 叠合板内配管	按照叠合板图纸设计，在叠合板桁架筋内配电线管连接线盒及手孔，进手孔处预留直接头进接头进手孔的深度约1cm	

主要工艺	操作做法	施工示意图片
4. 叠合板混凝土浇筑形成	叠合板内配管及钢筋绑扎完成后，开始浇筑混凝土，混凝土养护完成后拆模并清理管路	
5. 现场配管连接	现场叠合板吊装完成后，将两块相连叠合板中需连接的线管在手孔内用同型号 PVC 短管进行连接	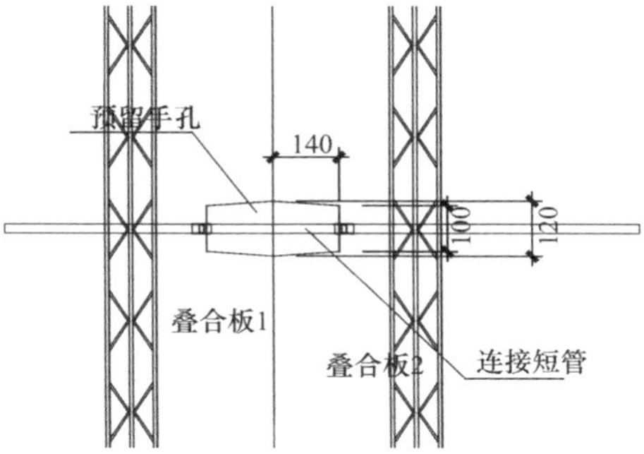 

2.2.3 质量控制要点

深化设计时应对各系统的线管进行综合布置，减少管线交叉，无法避免交叉的地方应设置过路线盒，保证叠合板内只有一层线管；

为防止叠合板因为布置线管导致开裂，宜在横跨叠合板的线管上方增加垂直于线管的拉筋保证强度；

叠合板内线盒预埋时应在模台上固定牢固，不得出现偏移；

叠合板生产时线盒连接线管必须采用锁母连接，并做好封堵；

叠合板手孔内线管端口应预留好 PVC 线管直接头，并做好封堵；

叠合板内线管手孔进板面层深度应控制在 3cm，偏差不宜大于 5mm；
叠合板手孔内应采用泡沫板封堵。

2.3 叠合板上配管施工

2.3.1 工艺流程

管路走向标识→现场配管连接→线管固定→端口保护→混凝土浇筑检查。

2.3.2 操作要点

工艺流程要点见表 12-2。

工艺流程要点 表 12-2

主要工艺	操作做法	施工示意图片
1. 管路走向标识	现场叠合板吊装完后，按照机电施工图中管线的布置将管线走向及线管出楼面的位置标注在叠合板上	
2. 现场配管连接	按照管线的走向将 PVC 线管敷设在叠合板上，引致相应的出楼板面位置，线管敷设应从叠合板上桁架筋下面穿过	
3. 线管固定	将敷设好的线管用铁丝与桁架筋绑扎在一起，起到固定作用	

主要工艺	操作做法	施工示意图片
4. 端口保护	用胶带将出楼板面的PVC线管端口缠好，起到封口保护作用	

2.3.3 质量控制要点

深化设计时应对各系统的线管进行综合布置，减少管线交叉，尽可能保证现浇层内只有一层线管；

线管出楼板面应做好接口封堵；

混凝土浇筑时，需派人现场检查是否有线管被破坏或是突出浇筑完成面的情况，若有则及时进行修复。

2.4 预制外墙与楼板线管对接施工

2.4.1 工艺流程

预制外墙构件内线管线盒预埋→现场配管连接。

2.4.2 操作要点

工艺流程要点见表12-3。

工艺流程要点　　　　　　　　　　　　　　　　　　表 12-3

主要工艺	操作做法	施工示意图片
1. 预制外墙内线盒线管预埋	PC厂内预制外墙构件生产时，根据深化设计的线盒位置将线盒固定在PC构件模具上，根据线管走向将线管敷设在预制墙钢筋夹层内，向上出墙端处预留约5cm厚泡沫块，预留直接头伸入泡沫块内，位置固定在墙端面中部	

主要工艺	操作做法	施工示意图片
2. 现场配管连接	现场叠合板吊装完后，将叠合板上线管与预制墙内引上的线管通过预留直接头进行连接	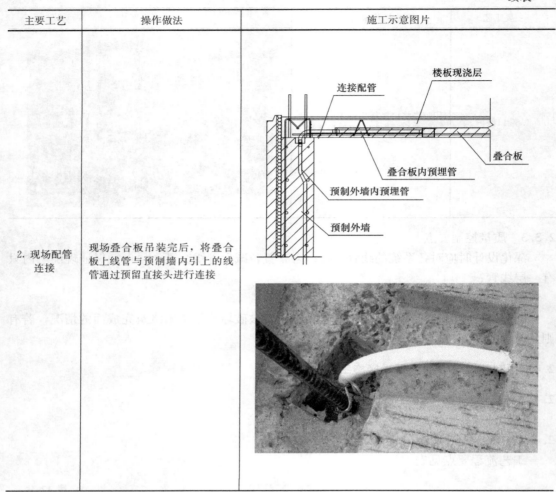

2.4.3 质量控制要点

（1）预制外墙构件内线盒预埋时应在模台上固定牢固，不得出现偏移；

（2）预制外墙构件内线管出端面时应预留好 PVC 线管直接头，并做好封堵；

（3）预制外墙顶端预留的泡沫块需紧贴外墙顶端模具面，但不得贴近外墙的室内面，宜保留 5cm 以上间距；

（4）线管直接头进入泡沫块深度宜为直接头长度的一半，且与泡沫块固定牢固；

（5）混凝土浇筑时，需派人现场检查是否有线管被破坏的情况，若有则及时进行修复。

2.5 预制楼梯与电梯前室线管对接施工

2.5.1 预制楼梯平台内线管暗埋

（1）工艺流程

楼梯构件内预留线盒线管→前室楼板内预留线管→跨过梁管道连接。

（2）操作要点

工艺流程要点见表12-4。

工艺流程要点　　　　　　　　　　　　　　　　　　表 12-4

主要工艺	操作做法	施工示意图片
1. 楼梯构件内预留线盒线管	PC 厂内楼梯构件生产时，根据深化设计的线盒位置将线盒固定在 PC 构件模具上，将连接的线管按深化设计配至楼梯出口面，预留手孔，手孔内预留直接头，手孔深度 5cm，直接头贴手孔地面	预制楼梯　预留手孔　预留直接头
2. 前室楼板内预埋线管	楼梯前室楼板内预留线管，按照乙字弯的形式将进入过梁的管道弯至平行于结构面，且略露出结构面	预埋线管　现浇楼板　现浇过梁
3. 跨过梁管道连接	楼梯前室找平前，将楼梯板内的预留直接头与前室楼板内预留线管用短管连接起来	预制楼梯　连接短管　现浇楼板　现浇过梁

（3）质量控制要点

预制楼梯构件内线盒预埋时应在模台上固定牢固，不得出现偏移；

预制楼梯构件内线管出端面时应预留好 PVC 线管直接头，并做好封堵；

预制楼梯构件内预留手孔进入板面层深度应控制在 5cm，偏差不宜大于 2mm；

手孔内应采用泡沫板封堵；

现浇楼板内预埋线管跨过梁处乙字弯应预制好，保证出结构面上线管紧贴结构面；

混凝土浇筑时，需派人现场检查是否有线管被破坏的情况，若有则及时进行修复。

2.5.2 预制楼梯平台线管明配

（1）工艺流程

过梁内线管预埋预留过线盒→楼梯平台下线管线盒明配。

（2）操作要点

操作要点见表 12-5。

操作要点   表 12-5

主要工艺	操作做法	施工示意图片
1. 过梁内线管预埋预留过线盒	在现浇过梁内预埋过线盒，线盒固定在铝模上	
2. 楼梯平台下线管线盒明配	楼梯前室穿线时将过线盒连接楼梯平台底部线盒的线管及线盒明配	

（3）质量控制要点

1）预埋过线盒高度应控制在贴楼梯平台底面；

2）楼梯平台底面明配管安装应与穿线同步进行，否则过线盒盖板无法封盖固定；

3）明配管不得使用 PVC 线管，应采用金属线管，包括照明及消防线管。

2.6 地漏管预埋施工

2.6.1 工艺流程

叠合板上预留地漏止水节→现浇层加装短接。

2.6.2 操作要点

操作要点　　　　　　　　　　　　　　　表 12-6

主要工艺	操作做法	施工示意图片
1. 叠合板上预留地漏止水节	叠合板生产时,根据深化设计的地漏位置将与套筒内径配套圆钢扳焊在钢模上,钢扳上焊接螺杆,止水节套在钢片上,上端用大一号的钢扳夹住,用螺丝固定紧	
2. 现浇层加装短接	现场叠合板安装完成后,在叠合板上地漏止水节内加装 15cm 的同型号 PVC 短管	 

2.6.3 质量控制要点

叠合板内地漏止水节应定为准确,固定牢固;

现浇层施工时应做好地漏止水节内部封堵。

2.7 给水平面管埋地施工

2.7.1 工艺流程

现浇层面预留管槽→地面配管→管道固定。

2.7.2 操作要点

操作要点见表12-7。

操作要点   表12-7

主要工艺	操作做法	施工示意图片
1. 现浇层面预留管槽	现浇层混凝土浇筑成型后，按照给水管布置走向，在混凝土初凝前使用条形 DN50 的钢管在地面上预留管槽。管槽深度约1cm	
2. 地面配管	在管槽内安装 PPR 给水管，布置到卫生间及厨房	

2.7.3 质量控制要点

给水管留槽应横平竖直；

在找平层覆盖给水管前应完成管道试压。

2.8 给水平面管贴顶板施工

2.8.1 工艺流程

叠合板内预留滑槽→预留穿墙套管→管道安装。

2.8.2 操作要点

给水平面管贴顶板施工操作要点见表12-8。

操作要点　　　　　　　　　　　　　　　　　　　表 12-8

主要工艺	操作做法	施工示意图片
1. 叠合板内预留滑槽	按照图纸设计，将滑槽位置标注在叠合板模台上，在叠合板桁架筋地下敷设 C 型钢制作的滑槽，滑槽顶面与桁架筋点焊连接	
2. 预留穿墙套管	按照图纸设计，在叠合梁或现浇梁内预埋管水管敷设所需穿梁套管	

主要工艺	操作做法	施工示意图片
3. 管道安装	通过滑槽固定吊架安装给水管在顶板下	 叠合楼板　C型钢滑槽　吊架　给水管

2.8.3　质量控制要点

（1）滑槽加工应平整，敷设在模台上时应紧贴台面；与桁架筋固定牢固；并做好封堵；

（2）预埋滑槽应保证横平竖直，垂直于管道走向预埋；

（3）为避免影响叠合板内钢筋布置，滑槽高度不宜大于 23mm；

（4）预埋穿墙套管应严格按照设计尺寸及位置进行安装，且套管应保证横平竖直。

2.9　成品止水节铝模预埋施工

2.9.1　工艺流程

铝模定位→止水节定位→铝模开孔→铝模止水节底座安装→止水节套装在底座上面→在止水节底座上装螺杆→止水节盖面安装→上下盖面锁紧→止水节螺杆保护→完成安装并检查。

2.9.2　操作要点

成品止水节铝模预埋施工工艺流程要点见表 12-9。

主要工艺	操作做法	施工示意图片
1. 铝模定位	根据图纸要求，进行止水节定位	
2. 止水节底座固定	将止水节底座固定在铝模上面	
3. 止水节加螺杆	止水节中心点用螺杆锁在铝模上面	
4. 止水节锁紧	将止水节锁紧在铝模上面	

主要工艺	操作做法	施工示意图片
5. 安装完成止水节保护	用胶带保护上端	

2.9.3 质量控制要点

（1）铝模定位应精确，开孔准确，大小合适，固定方便；

（2）止水节采用中心固定法，固定在铝模上面，应一次成型；

（3）PPR管暗埋进墙体，一次成型，通过堵头固定在铝模上面；

（4）根据规范要求塑料立管垂直度每米允许偏差不超过3mm，全长（5m以上）允许偏差不超过15mm，因此使用预埋成品止水节必须满足结构楼板施工精度相邻上下楼层偏差不超过9mm，整体偏差不超过15mm。PC叠合板目前安装的精度偏差最大有超过20mm，故不满足使用成品止水节的要求。

2.10 钢套管铝模固定施工

2.10.1 工艺流程

多套管铝模定位→三角固定丝杆准备→铝膜上丝杆固定开孔→固定丝杆→装套管→多套管固定盖板→丝杆保护。

2.10.2 操作要点

钢套管铝模固定施工工艺流程要点见表12-10。

工艺流程要点　　　　　　　　　　　　　　表12-10

主要工艺	操作做法	施工示意图片
1. 套管铝模定位	在铝模上精确定位套管的位置	

主要工艺	操作做法	施工示意图片
2. 铝模开孔	一次性开孔完成，固定三角丝杆	
3. 安装套管	将套管安装在三角丝杆上面，固定住	
4. 成排套管保护	用模板盖住套管，防止混凝土进入，将丝杆用胶带包住	

2.10.3 质量控制要点

（1）铝模定位应精确，开孔准确，大小合适，固定方便；

（2）套管通过内径加支撑的形式，固定在铝模上面，防止套管偏位。

2.11 电箱暗埋固定施工

2.11.1 工艺流程

电箱四角加角钢→电箱固定在钢筋上→电箱内部苯板填充→电箱内部加 PVC 管支撑→完成安装并保护。

2.11.2 操作要点

电箱暗埋固定施工操作要点见表12-11。

操作要点   表 12-11

主要工艺	操作做法	施工图片
1. 电箱加角钢	在电箱四周加角钢固定	
2. 电箱角钢焊接在钢筋上	将电箱通过角钢焊接在钢筋上	

2.11.3 质量控制要点

户内电箱暗埋，通过把电箱固定在墙体钢筋上，同时在电箱四个角上加角钢，防止电箱偏位，混凝土捣振过程中不会出现变形；

户内电箱，应一次性冲孔，连接线管处应安装锁母并固定牢固；

户内电箱内应采用苯板填充满，并用胶带封住箱子面和箱子四周缝隙。

2.12 连体线盒固定加 T 字形支撑

2.12.1 工艺流程

连体底盒组装→墙柱放线定位→底盒固定在钢筋上→底盒后端加 T 字形支撑→整体保护。

2.12.2 操作要点

连体线盒固定加 T 字形支撑工艺流程要点见表12-12。

主要工艺	操作做法	施工图片
1. 连体线盒组装	穿筋连体底盒组装	
2. 放线定位	在墙柱上定位底盒位置	
3. 连体底盒固定	连体底盒通过焊接固定在墙体钢筋上	
4. 底盒后端加 T 字形支撑	在连体底盒后端加 T 字形支撑	

2.12.3 质量控制要点

线盒固定在钢筋上，通过在线盒背面增加 T 字形支撑，防止线盒左右和前后偏位；

穿筋连体底盒组装应保证连体底盒面平，安装时保证无倾斜高度一致；

底盒内应做好封堵。

第十三章 防水工程施工工艺标准

1 涂料防水施工

1.1 编制说明

编制依据见表 13-1。

编制依据   表 13-1

序号	名称	备注
1	《屋面工程质量验收规范》	GB 50207—2012
2	《地下防水工程质量验收规范》	GB 50208—2011
3	《建筑防水涂料试验方法》	GB/T 16777—2008
4	《聚氨酯防水涂料》	GB/T 19250—2013
5	《聚合物水泥防水涂料》	GB/T 23445—2009
6	《建筑外墙防水工程技术规程》	JGJ/T 235—2011
7	《住宅室内防水工程技术规范》	JGJ 298—2013
8	《建筑防水工程现场检测技术规范》	JGJ/T 299—2013
9	《喷涂聚脲防水工程技术规程》	JGJ/T 200—2010
10	《喷涂橡胶沥青防水涂料》	JC/T 2317—2015
11	《聚合物水泥、渗透结晶型防水材料应用技术规程》	CECS 195：2006
12	《建筑室内防水工程技术规程》	CECS 196：2006
13	《地下防水建筑构造》	10J301
14	《聚合物水泥防水涂料建筑构造》	07CJ10
15	《平屋面建筑构造》	12J201
16	《坡屋面建筑构造》	09J202
17	《建筑防水系统构造》	13CJ40-1～4、15CJ40-5～9、16CJ40-10～16

1.2 施工准备

1.2.1 技术准备

根据设计图纸、规范和标准要求，编制施工专项方案，经审批后实施；

根据审批后的防水工程专项方案，由技术部组织工程管理人员、班组长、工人进行施工方案技术交底。现场施工作业前，由工程部对操作者进行安全技术交底并下达作业指导书；

制作实体工程防水样板。对照工程设计文件、规范标准，结合企业施工工艺及质量验收标准，确定每道施工工序的验收标准；

做好防水施工的技术资料和施工过程中的检验记录。

1.2.2 材料准备

（1）主要材料质量要求

应具有良好的耐水性、耐久性、耐腐蚀性及耐菌性；

应无毒、难燃、低污染；

无机防水涂料应具有良好的湿干粘结性和耐磨性，有机防水涂料应具有较好的延伸性及较大适应基层变形能力。

（2）材料进场验收要求

对材料的外观、品种、规格、包装、尺寸和数量等进行检查验收，并经监理单位或建设单位代表检查确认，形成相应验收记录；

对材料的质量证明文件进行检查，并经监理单位或建设单位代表检查确认，纳入工程技术档案；

材料进场后应按规定抽样检验，检验应执行见证取样送检制度，并出具材料进场检验报告；

材料的物理性能检验项目全部指标达到标准规定时，即为合格；若有一项指标不符合标准规定，应在受检产品中重新取样进行该项指标复验，复验结果符合标准规定，则判定该批材料为合格。

材料检验方法见表 13-2。

材料检验方法

表 13-2

序号	材料名称	抽样数量	外观质量检验	物理性能检验
1	有机防水涂料	每 5t 为一批，不足 5t 按一批抽样	均匀黏稠体，无凝胶，无结块	潮湿基面粘结强度，涂膜抗渗性，浸水 168h 后拉伸强度，浸水 168h 后断裂伸长率，耐水性
2	无机防水涂料	每 10t 为一批，不足 10t 按一批抽样	液体组分：无杂质、凝胶的均匀乳液；固体组分：无杂质、结块的粉末	抗折强度，粘结强度，抗渗性
3	胎体增强材料	每 3000m² 为一批，不足 3000m² 按一批抽样	均匀，无团状，平整，无皱折	拉力，延伸率

（3）材料贮运、保管要求

防水涂料应贮存于清洁、密闭的塑料桶或内衬塑料桶的铁桶中，容器表面标志内容应包括：生产厂名、产品名称、生产日期或批号、有效日期等；

不同规格、品种和等级的防水涂料应分别存放。存放时应保证通风、干燥，防止日光直接照射。水乳型涂料贮存和保管环境温度不应低于 0℃，溶剂型涂料贮存和保管环境温度不宜低于−10℃；

防水涂料运输时应防冻，防止雨淋、暴晒、挤压、碰撞，胎体材料贮运、保管环境应干燥、通风，并远离火源。

1.2.3 机具准备

基面清理工具：锤子、凿子、铲子、钢丝刷、吸尘器等；

取料配料工具：台秤、搅拌桶、手提搅拌器等；

涂料涂刷工具：橡胶刮板、油漆刷、长柄滚刷、软毛刷等；

其他：消防器材、遮盖防护用品等。

1.2.4 劳动力准备

防水施工必须由具有相应资质的专业防水施工单位承担。防水施工人员应持有建设行政主管部门或其他指定单位颁发的执业资格证书或上岗证；

根据施工技术和计划工期要求，确定劳动力需求量；

对进场防水工人进行实际操作技能考核、质量示范培训工作；

对进场防水工人进行安全与职业健康防护教育工作。

1.2.5 施工环境准备

霜、雪、露、雨、大风（5级及以上）天气不应进行涂膜施工、露天作业。如露天作业突遇上述天气时，应立即迅速采取遮盖措施，将已施工的涂层遮盖好；对已被冲蚀的涂层应在天气转好以后进行重涂，予以补救。

不同液态形式的防水涂料成膜，对施工环境温度要求不同：水乳型及反应型涂料宜为5～35℃；溶剂型涂料宜为－5～25℃。

1.3 施工工艺

1.3.1 工艺流程

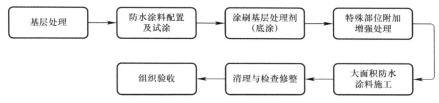

图 13-1 防水工程施工工艺流程

1.3.2 施工要点

（1）工艺流程 1：基层处理

施工要点：①铲除灰渣、油污等附着物，保持基层坚实、平整、洁净；②基层阴阳角应做成圆弧形，阴角直径不小于 50mm，阳角直径不小于 20mm；③管道、地漏等细部基层应抹平压光，管道套筒卫生间需要高出完成面面层至少 50mm，屋面套筒需要高出完成面面层至少 200mm，排水口与地漏应低于防水基层，并有明显坡度且坡向正确；④对于不同种基层衔接部位、施工缝处，以及基层因变形可能开裂或已开裂的部位，均应嵌补缝隙，铺贴绝缘胶条补强或用伸缩性强的硫化橡胶条进行补强；⑤用高频水分测定计或干铺卷材静置法判断基层含水率，满足施工条件后再进行涂料施工，如图 13-2 所示。

（2）工艺流程 2：防水涂料配制与试涂

施工要点：①结合设计文件及产品说明，根据每平方米涂料用量、涂膜厚度及涂料材性，施工前进行试涂，确定每道涂层施工的厚度（一般 0.6～0.8mm）、涂刷遍数（一般 2～4 次）、涂刷间隔时间（一般 3～4h）；②根据生产厂家提供的配合比配置防水涂料，搅拌均匀后使用。每次配制的防水涂料数量，应根据每次涂刷面积计算确定，涂料存放时间不得超过规定的可使用时间，如图 13-3 所示。

图 13-2　基层处理方法及效果图

图 13-3　配制防水涂料

（3）工艺流程 3：涂刷基层处理剂（底涂）

施工要点：根据涂料产品说明选取对应的基层处理剂，涂刷时应用力薄涂，如图 13-4所示。

（4）工艺流程 4：特殊部位附加增强处理

施工要点：对阴阳角、管根等易渗漏部位，先刷涂一遍涂料进行增强处理，如图 13-5所示。

（5）工艺流程 5：大面积防水涂料施工

施工要点：①按先细部构造后整体的顺序连续作业，分遍施工至设计厚度。人工涂布时应边倒料、边涂布、边铺贴胎体增强材料；机械喷涂时喷枪宜垂直于待喷基层、距离适中、匀速移动，一次多遍、交叉喷涂。②后遍涂料涂布前应严格检查前遍涂层，如有缺陷，应先进行处理、修补后再涂布后遍涂层，如图 13-6 所示。

图 13-4　涂刷基层处理剂

图 13-5　增强处理示意图

图 13-6　大面积防水涂料施工示意图

图 13-6　大面积防水涂料施工示意图（续）

1.4　质量控制要点及检验标准

1.4.1　质量控制要点

各道涂层应按规定厚度（控制涂料的单方用量）均匀、仔细地涂刷/喷涂，涂层之间的涂刷/喷涂方向应相互垂直，以提高防水层的整体性和均匀性。每遍涂刷/喷涂时应退槎100mm，接槎时应超过100mm，避免在搭接处发生渗漏；

涂料涂布应分条或按顺序进行。流平性差的涂料应加快施工进度，可以采用分条间隔施工的方法，当分条进行时，每条宽度应与胎体增强材料宽度相一致，以避免操作人员踩踏刚涂好的涂层，如图13-7、图13-8所示。

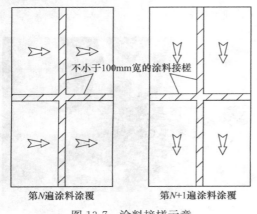

图 13-7　涂料接槎示意

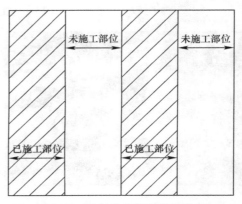

图 13-8　涂料分条间隔施工示意

立面部位防水涂层应在平面施工前进行，涂布次数应根据涂料的流平性好坏确定，流平性好的涂料应薄而多次进行，以不产生流坠现象为度，以免涂层因流坠使上部涂层变薄，下部涂层变厚，影响防水性能。

胎体增强材料长边搭接宽度≥50mm，短边搭接宽度≥70mm。采用2层胎体增强材料时，上下层不得互相垂直铺设，搭接缝应错开，其间距不应小于幅宽的1/3，如图13-9所示。

胎体增强材料铺设时切忌拉伸过紧，防止涂膜防水层出现转角处受拉脱开、布面错动、翘边或拉裂等现象。同时也要防止铺设过松、布面皱折导致涂膜破碎。

胎体增强材料铺设后，检查表面是否有缺陷或搭接不足等现象，如有，应及时修补完整，再在其上继续涂布涂料，面层应至少涂刷2道，以增加涂膜的耐久性。

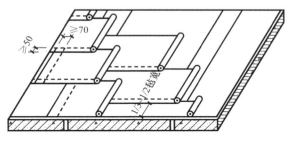

图13-9 搭接示意图

1.4.2 检验标准

（1）地下防水质量验收标准

1）主控项目

主控项目检验标准见表13-3。

主控项目检验标准　　　　　　　　　　表 13-3

序号	检查内容	检查方法
1	涂料防水层所用的材料及配合比必须符合设计要求	检查产品合格证、产品性能检测报告、计量措施和材料进场检验报告
2	涂料防水层的平均厚度应符合设计要求，最小厚度不得低于设计厚度的90%	针测法
3	涂料防水层在转角处、变形缝、施工缝、穿墙管等部位做法必须符合设计要求	观察检查和检查隐蔽工程验收记录

2）一般项目

一般项目检验标准见表13-4。

一般项目检验标准　　　　　　　　　　表 13-4

序号	检查内容	检查方法
1	涂料防水层应与基层粘结牢固、涂刷均匀，不得流淌、鼓泡、露槎	观察检查
2	涂层间夹铺胎体增强材料时，应使防水涂料浸透胎体覆盖完全，不得有胎体外露现象	观察检查
3	侧墙涂料防水层的保护层与防水层应结合紧密，保护层厚度应符合设计要求	观察检查

（2）屋面防水质量验收标准

1）主控项目

主控项目检验标准见表13-5。

序号	检查内容	检查方法
1	防水涂料和胎体增强材料的质量，应符合设计要求	检查出厂合格证、质量检验报告和进场检验
2	涂膜防水层不得有渗漏和积水现象	雨后观察或淋水、蓄水试验
3	涂膜防水层在檐口、檐沟、天沟、水落口、泛水、变形缝和伸出屋面管道的防水构造，应符合设计要求	观察检查
4	涂膜防水层的平均厚度应符合设计要求，且最小厚度不得小于设计厚度的 80%	针测法或取样量测

2）一般项目

一般项目检验标准见表 13-6。

序号	检查内容	检查方法
1	涂膜防水层与基层应粘结牢固，表面应平整，涂布应均匀，不得有流淌、皱折、起泡和露胎体等缺陷	观察检查
2	涂膜防水层的收头应用防水涂料多遍涂刷	观察检查
3	铺贴胎体增强材料应平整顺直，搭接尺寸应准确，应排除气泡，并应与涂料粘结牢固；胎体增强材料搭接宽度的允许偏差为 −10mm	观察检查

（3）厨卫间防水质量验收标准

1）主控项目

主控项目检验标准见表 13-7。

序号		检查内容	检查方法
1	防水基层	防水基层所用材料的质量及配合比，应符合设计要求	检查出厂合格证、质量检验报告和计量措施
2		防水基层的排水坡度，应符合设计要求	用坡度尺检查
3	涂料防水层	防水涂料和胎体增强材料的质量应符合设计要求	检查出厂合格证、计量措施、质量检验报告和进场检验报告
4		防水层不得有渗漏	闭水试验
5		防水层的平均厚度应符合设计要求，最小厚度应不小于设计厚度的 90%	用涂层测厚仪量测或现场取样用卡尺测量
6		在转角、地漏、伸出基层的管道等部位，防水层的细部构造应符合设计要求	观察检查和检查隐蔽工程验收记录
7	防水保护层	保护层所用材料的质量及配合比应符合设计要求	检查出厂合格证、质量检验报告和计量措施
8		水泥砂浆、混凝土的强度应符合设计要求	检查砂浆、混凝土的抗压强度试验报告
9		保护层表面的坡度应符合设计要求，不得有倒坡或积水现象	用坡度尺检查和淋水检验

2）一般项目

一般项目检验标准见表 13-8。

一般项目检验标准 表 13-8

序号	检查内容		检查方法
1	防水基层	防水基层应抹平、压光，不得有疏松、起砂、起皮现象	观察检查
2		阴、阳角处宜按设计要求做成圆弧形，且整齐平顺	观察和尺量检查
3		防水基层表面平整度的允许偏差宜不大于5mm	用2m靠尺和楔形塞尺检查
4	涂料防水层	防水层应与基层应粘结牢固，表面平整，涂刷均匀，不得有流淌、皱折、鼓泡、露胎体和翘边等缺陷	观察检查
5		防水层的胎体增强材料应铺贴平整；每层的短边搭接缝应错开	观察检查
6		在防水层上直接粘贴饰面时，粘结剂与防水层应相容，不得出现空鼓、脱落	观察检查，涂层附着力测试仪检测
7	防水保护层	水泥砂浆、混凝土保护层应表面平整，不得有裂缝、起壳、起砂等缺陷	观察检查
8		水泥砂浆、混凝土保护层表面平整度应不大于5mm	观察和尺量检查
9		保护层厚度的允许偏差应为设计厚度的±10%，且不大于5mm	用钢针插入和尺量检查
10		保护层应与涂料防水层粘结牢固，结合紧密，不得有空鼓现象	观察检查，用小锤轻击检查

2 卷材防水施工

2.1 编制说明

编制依据见表 13-9。

编制依据 表 13-9

序号	名称	备注
1	《聚氯乙烯（PVC）防水卷材》	GB 12952—2011
2	《改性沥青聚乙烯胎防水卷材》	GB 18967—2009
3	《地下工程防水技术规范》	GB 50108—2008
4	《地下防水工程质量验收规范》	GB 50208—2011
5	《屋面工程质量验收规范》	GB 50207—2012
6	《屋面工程技术规范》	GB 50345—2012
7	《地下防水建筑构造》	10J301

2.1.1 卷材防水定义

将沥青类或高分子类防水材料浸渍在胎体上，制作成的防水材料产品，以卷材形式提供，称为防水卷材。

根据主要组成材料不同，分为沥青防水卷材、高聚物改性沥青防水卷材和合成高分子防水卷材。其中沥青防水卷材是传统的防水卷材，因其温度稳定性差、高温易流淌、低温易脆裂、耐老化性较差、使用年限短、属于低档防水卷材，目前建筑工程使用较少。本书主要介绍高聚物改性沥青防水卷材和合成高分子防水卷材。

2.1.2 防水卷材品种

防水卷材清单见表13-10。

防水卷材清单　　　　　　　　　　　　　　　　　　　表 13-10

类别	品种名称	图例	适用范围
1. 高分子聚合物改性沥青防水卷材	弹性体改性沥青防水卷材（即SBS）		屋面、地下室、墙体、卫生间
	塑性体改性沥青防水卷材（即APP）		适用于各种地下工程迎水面的防水
	高聚物改性沥青聚乙烯胎防水卷材		屋面、地下防水
	SBR改性沥青防水卷材		屋面、地下室
	丁苯橡胶改性氧化沥青聚乙烯胎防水材料		屋面、地下室

类别	品种名称	图例	适用范围
2. 合成高分子防水卷材	三元乙烯橡胶防水卷材		地下室
	聚氯乙烯防水卷材		各种屋面、水库、堤坝、水渠以及地下室各种部位防水防渗
	聚乙烯丙纶复合防水卷材		工业与民用建筑的屋面的防水、地面防水、防潮隔气、室内墙地面防潮、卫生间防水、水利池库、渠道、桥涵防水、防渗、冶金化工防污染等防水
	高分子自粘胶膜防水卷材		地下室底板

2.2 施工准备

2.2.1 技术准备

学习施工图纸、规范和标准，了解工程各部位的防水设计要求、施工顺序、施工工艺及质量标准；

根据设计图纸、规范和标准要求，编制施工专项方案，经审批后实施；

根据审批后的防水工程专项方案，由技术部组织工程管理人员、班组长、工人进行施工方案技术交底。现场施工作业前，由工程部对操作者进行技术交底并下达作业指导书；

对照工程设计文件、规范、标准，结合企业施工工艺及质量验收标准，确定每道施工工序的验收标准，并制作实体工程防水样板，做到质量验收可操作性强，工人易掌握实施；

根据建筑工程使用功能及设计要求选用合适的防水材料，应有产品合格证书和性能检测报告，材料的品种、规格、性能等应符合现行国家产品标准和设计要求，并按要求进行见证取样复试。

2.2.2 机具准备

（1）清理基层的施工工具：铁锹、扫帚、墩布、手锤、钢凿、油开刀、吹尘器等。

（2）铺卷材的施工工具：剪刀、弹线盒、卷尺、刮板、滚刷、毛刷、压辊、铁抹子等。

（3）热熔专用机具：汽油喷灯、单头或多头热熔喷枪等。

2.2.3 作业条件

防水基层表面应平整、光滑，不得有空鼓、开裂、起砂、脱皮等缺陷；

阴、阳角，管子根等部位应抹成圆弧或钝角，并将尘土、杂物清扫干净；

在铺贴防水卷材前应进行隐蔽工程的检查验收；

铺贴防水卷材严禁在雨天操作，五级风及其以上不得施工，铺贴卷材的环境温度，热熔法施工不宜低于－10℃。

2.3 施工工艺

卷材防水施工常见的施工工艺有三类：

①热施工工艺；②冷施工工艺；③机械固定工艺三种方法。分类见表13-11。

根据不同材料又分若干不同的方法。

施工工艺分类

表 13-11

施工工艺		施工方法	适宜范围
热施工工艺法	热玛琦酯粘贴法	传统施工方法，边浇热玛琦酯边滚铺油毡，逐层铺贴	适用范围：石油沥青油毡
	热熔法	采用火焰加热器熔化热熔型防水卷材底部的热熔胶进行粘贴	适用范围：热塑性合成高分子防水卷材搭接缝焊
	热风焊接	采用热空气焊枪加热防水卷材搭接缝进行搭接缝进行黏结	适用范围：热塑性合成高分子防水卷材搭接缝焊接
冷施工工艺	冷玛琦酯粘贴法	采用工厂配制好的冷用沥青胶结材料，施工时不需加热，直接涂刮后粘贴油毡	适用范围：石油沥青毡三毡四油（二毡三油）叠层铺贴
	冷粘法	采用胶黏剂进行卷材与基层、卷材与卷材的黏结，不需加热	适用范围：合成高分子卷材、高聚物改性沥青防水卷材
	自粘法	采用带有自粘胶的防水卷材，不用热施工，也不需涂刷胶材料，直接进行黏结	适用范围：带有自粘胶的合成高分子防水卷材及高聚物改性沥青防水卷材
机械固定工艺	机械钉压法	采用镀锌钢或铜钉等固定卷材防水层	适用范围：多用于木基层铺设高聚物改性沥青卷材
	压埋法	卷材与基层大部分不黏结，上面采有卵石等压埋，但搭接缝及周围全粘	适用范围：用于空铺法、倒置屋面

2.3.1 热施工工艺

（1）工艺流程

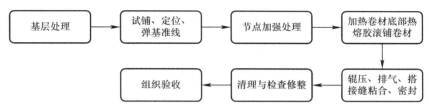

图 13-10 热施工工艺流程

（2）施工要点

1）工艺流程 1：基层清理

施工要点：施工时将基层清理干净，防水基层表面应平整、光滑，达到设计强度且含水率小于 9%，不得有空鼓、开裂、起砂、脱皮等缺陷。（含水率检测方法：取 $1m^2$ 大小的防水卷材，均匀的铺在基面上，待到 2h 之后观察，如果卷材上面没有明显的水的痕迹，那么说明含水率达标），如图 13-11 所示。

2）工艺流程 2：试铺、定位、弹基准线

施工要点：根据施工现场状况，进行合理

图 13-11 基层清理示意图

定位，确定卷材铺贴方向，在基层上弹好卷材控制线，依循流水方向从低往高进行卷材试铺，如图 13-12 所示。

图 13-12 试铺定位

3）工艺流程 3：节点加强处理

施工要点：阴阳角、管根、水落口等节点部位按规范或设计要求必须先做附加层，附加层宽度不小于 500mm，如图 13-13 所示。

4）工艺流程 4：加热卷材底部热熔胶滚铺卷材

施工要点：掌握好卷材热熔胶的加热程度，按规范要求使基层和卷材底面同时均匀加热，到热熔胶熔融呈光亮黑色为度，如图 13-14 所示。

图 13-13　节点加强示意图

图 13-14　热熔滚铺效果图

5）工艺流程 5：辊压、排气、搭接缝粘合、密封

施工要点：应趁热用压辊滚压，排出卷材下面的空气，并使之粘贴牢固，做到表面平展、无皱折现象，如图 13-15 所示。

图 13-15　辊压排气示意图

2.3.2 冷施工工艺

（1）工艺流程

图 13-16　冷施工工艺流程

（2）施工要点

1）工艺流程 1：基层清理

施工要点：施工时将基层清理干净，防水基层表面应平整、光滑，达到设计强度且含水率小于 9%，不得有空鼓、开裂、起砂、脱皮等缺陷。（含水率检测方法：取 1m² 大小的防水卷材，均匀的铺在基面上，待到 2h 之后观察，如果卷材上面没有明显的水的痕迹，那么说明含水率达标），如图 13-17 所示。

2）工艺流程 2：定位、弹线

施工要点：根据施工现场状况，进行合理定位，确定卷材铺贴方向，在基层上弹好卷材控制线，依循流水方向从低往高进行卷材试铺，如图 13-18 所示。

图 13-17　基层清理示意图　　　　　　图 13-18　试铺卷材

3）工艺流程 3：抹水泥浆（粘胶）

施工要点：底面和基层表面均应涂胶粘剂。应注意在搭接缝部位不得涂刷胶粘剂，此部位留作涂刷接缝胶粘剂，留置宽度即卷材搭接宽度，如图 13-19 所示。

图 13-19　抹水泥浆

图 13-20　节点加强做法

4）工艺流程 4：节点加强处理

施工要点：阴阳角、管根、水落口等节点部位按规范或设计要求必须先做附加层，附加层宽度不小于 500mm，如图 13-20 所示。

5）工艺流程 5：大面铺贴防水卷材

施工要点：将卷材对准基准线铺设，将未铺开卷材隔离纸从背面缓缓撕开，同时将未铺开卷材沿基准线慢慢向前推铺。边撕隔离纸边铺贴，如图 13-21 所示。

图 13-21　铺贴防水卷材

6）工艺流程 6：提浆、排气

施工要点：待卷材铺贴完成后，用软橡胶板或辊筒等从中间向卷材搭接方向另一侧刮压并排出空气，使卷材充分满粘于基面上，如图 13-22 所示。

图 13-22　提浆、排气示意图

7）工艺流程 7：长、短边搭接粘结

施工要点：长、度短边搭接应确保搭接长度，如图 13-23 所示。

图 13-23　搭接粘结效果图

2.3.3　机械固定施工工艺

（1）工艺流程

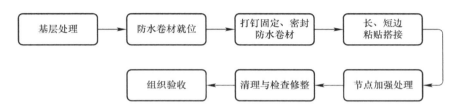

图 13-24　机械固定施工工艺流程

（2）施工要点

1）工艺流程 1：清理基层

施工要点：清除基层表面杂物、碎屑、表面应平整、光滑，不得有空鼓、开裂、起砂、脱皮等缺陷，如图 13-25 所示。

2）工艺流程 2：防水卷材就位

施工要点：卷材保持平整顺直，不得扭曲，搭接宽度不少于 120mm，覆盖固定件（金属垫片和螺钉）的宽度满足设计要求，如图 13-26 所示。

图 13-25　基层清理效果图

图 13-26　防水卷材就位

3）工艺流程 3：打钉固定、密封防水卷材

施工要点：屋面为压型钢板时，螺钉固定于轻钢基层，螺钉至少透过基层 25mm；屋

面为混凝土，应钻孔，后将固定螺钉旋入不小于 30mm，螺钉间距控制在 200mm 左右，如图 13-27 所示。

图 13-27　打钉固定

图 13-28　长短边搭接效果图

4）工艺流程 4：长、短边粘贴搭接

施工要点：一副卷材搭接于另一幅卷材上，使紧固件和垫片覆于防水层之下，如图 13-28 所示。

5）工艺流程 5：节点加强处理

施工要点：裁剪适合相应节点的卷材片材，采用手持式焊枪将片材焊接于大面卷材上，如图 13-29 所示。

2.3.4　预铺反粘施工工艺

预铺反粘多适应于地下室底板部位。较传统卷材，预铺反粘类卷材可与结构直接接触，反映砂面可以结构形成铰链反映，形成紧密连接。

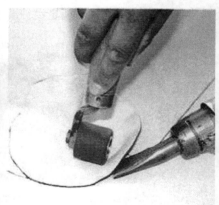

图 13-29　节点加强示意图

（1）工艺流程

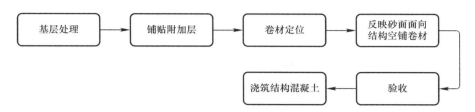

图 13-30 预铺反粘施工工艺

（2）施工要点

1）工艺流程 1：清理基层

施工要点：清除基层表面杂物、碎屑，表面应平整、光滑，不得有空鼓、开裂、起砂、脱皮等缺陷，如图 13-31 所示。

2）工艺流程 2：铺贴附加层

施工要点：对阴阳角、坑中坑等部位有限铺贴附加层，注意附加层铺贴宽度不小于500mm，如图 13-32 所示。

图 13-31 基层清理效果图

图 13-32 铺贴附加层

3）工艺流程 3：反映砂面向结构空铺检查

施工要点：坑中坑部位施工完成后在进行大面部位卷材铺设，较常规卷材铺设，预铺反粘类卷材不需要进行防水保护层施工，卷材铺设完成后直接在防水层上绑扎钢筋，进行主体结构混凝土浇筑。

需要注意的是进行钢筋绑扎时，须轻拿轻放，钢筋吊放点采用模板等临时保护措施，避免钢筋破坏卷材如移动钢筋需要使用撬棍，应在下设垫板。避免破坏卷材。发现卷材破损，及时进行修补。焊接钢筋或钢板止水带时，在焊花可能溅射到的部位提前实施保护措施，如图 13-33 所示。

4）工艺流程 4：浇筑混凝土

施工要点：绑扎完钢筋后即可进行底板混凝土浇筑，防水层上直接浇筑混凝土，能够实现结构完全满粘不串水、全外包的防水效果，如图 13-34 所示。

图 13-33　空铺检查

图 13-34　浇筑效果图

2.4　质量控制要点及检验标准

2.4.1　主控项目

卷材防水层所用卷材及主要配套材料必须符合设计要求。

检验方法：检查出厂合格证、质量检验报告和现场抽样试验报告。

卷材防水层及其转角处、变形缝、穿墙管道等细部做法均须符合设计要求。

检验方法：观察检查和检查隐蔽工程验收记录。

防水层严禁有渗漏现象。

检验方法：观察检查。

2.4.2　一般项目

卷材防水层的基层应牢固，基面应洁净、平整，不得有空鼓、松动、起砂和脱皮现象；基层阴阳角处应做成圆弧形。

检验方法：观察检查和检查隐蔽工程验收记录。

卷材防水层的搭接缝应粘（焊）结牢固，密封严密，不得有皱折、翘边和鼓泡等缺陷。

检验方法：观察检查。

防水卷材粘结质量要求见表 13-12。

防水卷材粘结质量要求　　　　　　　　　　　　表 13-12

防水卷材粘结质量要求						
项目		自粘聚合物改性沥青防水卷材粘合面		三元乙丙橡胶和聚氯乙烯防水卷材胶粘剂	合成橡胶胶粘带	高分子自粘胶膜防水卷材粘合面
		聚酯毡胎体	无胎体			
剪切状态下的粘合性（卷材-卷材）	标准试验条件（N/10mm）≥	40 或卷材断裂	20 或卷材断裂	20 或卷材断裂	20 或卷材断裂	40 或卷材断裂
粘结剥离强度（卷材-卷材）	标准试验条件（N/10mm）≥	15 或卷材断裂		15 或卷材断裂	4 或卷材断裂	—

防水卷材粘结质量要求					
项目		自粘聚合物改性沥青防水卷材粘合面		三元乙丙橡胶和聚氯乙烯防水卷材胶粘剂	合成橡胶胶粘带	高分子自粘胶膜防水卷材粘合面
		聚酯毡胎体	无胎体			
粘结剥离强度（卷材-卷材）	浸水168h后保持率（%）≥	70		70	80	—
与混凝土粘结强度（卷材-混凝土）	标准试验条件（N/10mm）≥	15 或卷材断裂		15 或卷材断裂	6 或卷材断裂	20 或卷材断裂

侧墙卷材防水层的保护层与防水层应粘结牢固，结合紧密、厚度均匀一致。

检验方法：观察检查。

卷材搭接宽度的允许偏差为—10mm。

检验方法：观察和尺量检查。

搭接宽度要求见表 13-13。

搭接宽度要求 表 13-13

防水卷材搭接宽度	
卷材品种	搭接宽度（mm）
弹性体改性沥青防水卷材	100
改性沥青聚乙烯胎防水卷材	100
自粘聚合物改性沥青防水卷材	80
三元乙丙橡胶防水卷材	100/60（胶黏剂/胶粘带）
聚氯乙烯防水卷材	60/80（单焊缝/双焊缝）
	100（胶粘剂）
聚乙烯丙纶复合防水卷材	100（粘结剂）
高分子自粘胶膜防水卷材	70/80（自粘胶/胶粘带）

3 防水混凝土施工

3.1 编制说明

编制依据见表 13-14。

编制依据 表 13-14

序号	名称	备注
1	《地下工程防水技术规范》	GB 50108—2008
2	《混凝土外加剂应用技术规范》	GB 50119—2013
3	《混凝土结构工程施工质量验收规范》	GB 50204—2015
4	《地下防水工程质量验收规范》	GB 50208—2011
5	《混凝土结耐久性设计规范》	GB 50476—2008

3.2 施工准备

3.2.1 技术准备

编制施工组织设计、专项施工方案、并通过公司审批；

前道工序已完成并经检验合格；

项目施工人员按照设计要求及施工方案对操作工人进行书面交底。

3.2.2 材料准备

（1）材料质量要求

水泥品种宜采用硅酸盐水泥、普通硅酸盐水泥，采用其他品种水泥时应经试验确定；

检查混凝土拌合物在运输、浇筑过程中是否有离析现象；

砂石粒径、水泥标号及配合比应满足泵机可泵性的要求；

所有外加剂应有出厂合格证和使用说明书，现场复验其各项性能指标应合格。

（2）材料进场验收要求

防水混凝土采用商品混凝土时，坍落度宜控制在 $100\sim140\text{mm}$，坍落度每小时损失值不应大于 20mm，坍落度总损失不应大于 40mm；

掺引气型外加剂的防水混凝土，还应测定其含气量；

防水混凝土可掺入一定数量的粉煤灰、磨细矿渣粉、硅粉等。粉煤灰的级别不应低于二级。掺量不宜大于 20%；硅粉掺量不应大于 3.0%；其他掺和料的掺量应经过试验确定。

3.2.3 机具准备

（1）机械设备

预拌混凝土搅拌站、搅拌运输罐车、混凝土输送泵、塔吊、施工电梯等。

（2）主要工具

插入式振捣器、平板式振捣器、铁锹、溜槽、胶轮手推车等。

3.2.4 作业条件准备

钢筋、预埋件、穿墙管等细部构造已按设计要求施工完毕，验收合格后已经及时办理隐蔽手续；

模板的强度、刚度、稳定性满足要求，构件尺寸已经复核，模板及支撑系统已验收；

施工机具、设备已按计划配齐就位，施工人员已落实到位；

混凝土运输路线、浇筑顺序已确定；

检查固定模板螺栓是否穿过防水混凝土构件；

临时固定模板的铁丝必须及时清除、以免形成渗水通道；

木模板提前浇水湿润，养护混凝土使用的覆盖材料已运抵施工现场。

3.3 施工工艺

3.3.1 工艺流程

3.3.2 施工要点

（1）工艺流程 1：钢筋施工

施工要点：钢筋下料及绑扎：钢筋下料要准确；钢筋相互间要绑扎牢固。钢筋保护层厚度控制：钢筋保护层厚度要符合设计要求，迎水面钢筋保护层厚度不得小于 50mm，如图 13-36 所示。

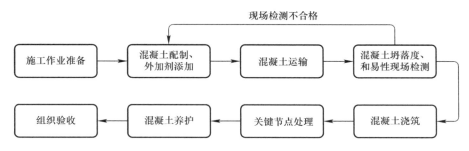

图 13-35　防水混凝土施工工艺流程

图 13-36　钢筋绑扎效果图

（2）工艺流程 2：模板施工

施工要点：模板支设要求表面平整，拼缝严密，吸湿性小，支撑牢固。侧墙模板采用对拉螺栓固定时，应在螺栓中间加焊止水片止水环数量符合设计要求。当结构变形或管道伸缩量较小时，穿墙管可采用直接埋入混凝土内的固定式防水法，如图 13-37 所示。

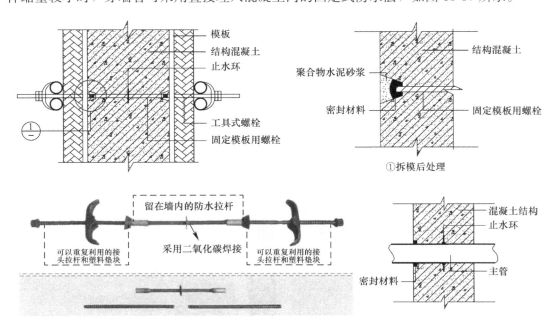

图 13-37　固定式穿墙管防水构造

219

（3）工艺流程3：混凝土浇筑

施工要点：防水混凝土应分层连续浇筑，分层厚度不得大于500mm。防水混凝土必须采用机械振捣，保证混凝土密实，振捣时间为10～30s。分层浇筑时，第二层混凝土浇筑时间应在第一层初凝以前。防水混凝土应连续浇筑，分层浇筑时上层混凝土必须在下层混凝土初凝前浇筑完成，否则应留置施工缝，如图13-38所示。

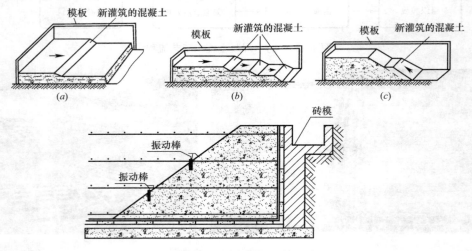

图13-38　混凝土浇筑、振捣示意图

（4）工艺流程4：防水混凝土养护

施工要点：防水混凝土终凝后应立即进行养护，养护时间不得少于14d。混凝土初凝后应立即进行养护，注意保护表面不被压坏。振捣后4～6h即浇水或蓄水养护，3d内每天浇水4～6次，3d后每天浇水2～3次。防水混凝土冬季施工养护应采用保暖、保温措施，不得采用电热法养护，如图13-39所示。

图13-39　养护效果图

图 13-39　养护效果图（续）

（5）工艺流程 5：防水混凝土施工缝

施工要点：

1）施工缝留设位置：墙体水平施工缝不应留在剪力与弯矩最大处或底板与侧墙的交界处，垂直施工缝应避开地下水和裂隙水较多的地段，并宜与变形缝相结合。

2）施工缝的施工：施工缝浇筑混凝土前，应将其表面浮浆和杂物清除，遇水膨胀止水条应牢固安装在缝表面或预留槽内。

施工缝防水构造形式如图 13-40 所示：

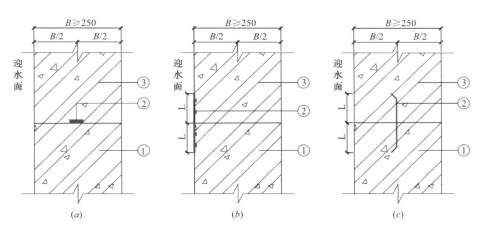

图 13-40　防水基本构造一、二、三

防水基本构造一：现浇混凝土，遇水膨胀止水条，后浇混凝土。

防水基本构造二：外贴止水带 $L \geqslant 150$，外涂防水涂料 $L = 200$，外抹防水砂浆 $L = 200$；现浇混凝土，外贴防水层，后浇混凝土。

防水基本构造三：钢板止水带 $L \geqslant 100$，橡胶止水带 $L \geqslant 125$，钢边橡胶止水带 $L \geqslant 120$；现浇混凝土，中埋止水条，后浇混凝土。

3.4　质量控制要点及检验标准

3.4.1　主控项目
防水混凝土的原材料、配合比及坍落度必须符合设计要求。

检验方法：检查出厂合格证、质量检验报告、计量措施和现场抽样试验报告。

防水混凝土的抗压强度和抗渗压力必须符合设计要求。

检验方法：检查混凝土抗压、抗渗试验报告。

防水混凝土的变形缝、施工缝、后浇带、穿墙管道、预埋件等设置和构造，均须符合设计要求，严禁有渗漏。

检验方法：观察检查和检查隐蔽工程验收记录。

3.4.2 一般项目

防水混凝土结构表面应坚实、平整，不得有露筋、蜂窝等缺陷；埋设件位置应正确。

检验方法：观察和尺量检查。

防水混凝土结构表面的裂缝宽度不应大于 0.2mm，并不得贯通。

检验方法：用刻度放大镜检查。

防水混凝土结构厚度不应小于 250mm，其允许偏差为 +15mm，-10mm；迎水面钢筋保护层厚度不应小于 50mm，其允许偏差为 ±10mm。

检验方法：尺量检查和检查隐蔽工程验收记录。

4 PC装配式防水施工

4.1 编制说明

编制依据见表 13-15。

编制依据　　　　　　　　　　　　　　　表 13-15

序号	名称	备注
1	《混凝土结构设计规范》	GB 50010—2010
2	《建筑工程施工质量验收统一标准》	GB 50300—2013
3	《建筑门窗、幕墙用密封胶条》	GB/T 24498—2009
4	《混凝土强度检验评定标准》	GB/T 50107—2010
5	《装配式混凝土结构技术规程》	JGJ 1—2014
6	《钢筋机械连接用套筒》	JG/T 163—2013
7	《混凝土建筑接缝用密封胶》	JC/T 881—2001
8	《装配式混凝土剪力墙结构住宅施工工艺图解》	16G906

4.2 施工准备

4.2.1 技术准备

按施工方案和技术规程对操作者进行技术交底并下达作业指导书；

认真做好防水材料进场验收检验工作，复查材料材质证明及材料进场储存工作。

4.2.2 机具准备

防水施工工具：耐候密封胶打胶枪、耐候密封胶搅拌机、灌浆机、刮刀、毛刷。

基面清理工具：锤子、凿子、铲子、钢丝刷、吸尘器等。

辅助施工工具：卷尺、剪刀、消防器材等。

4.2.3 作业条件准备

密封胶作业条件：

在温度 15~35℃、湿度 55%~75%RH 条件下施工最佳；

当环境温度低于 10℃或出胶速度达不到工艺要求时，建议在 60℃烘箱里至少烘烤30min。

4.3 施工工艺

4.3.1 工艺流程

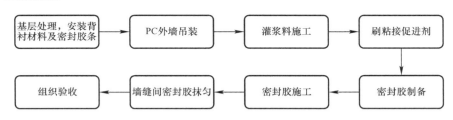

图 13-41　装配式防水施工工艺流程

4.3.2 工艺施工要点

（1）工艺流程 1：基层处理，安装背衬材料及密封胶条

施工要点：表面应坚实，干燥，无油迹，无浮土，无积水，松散的混凝土应清除；在使用时应注意防火、防水，如不慎被水泡发，应待凉干后再使用，如图 13-42 所示。

（2）工艺流程 2：PC 外墙吊装

施工要点：吊装前需用自制钢筋卡具对钢筋的垂直度、定位及高度进行复核；考虑到预制墙板的受力问题，采用钢扁担作为起吊工具，吊装过程中需保证吊点的垂直，如图 13-43 所示。

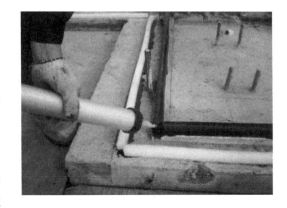

图 13-42　基层处理

图 13-43　外墙吊装

（3）工艺流程 3：灌浆料施工

施工要点：采用压力灌浆，灌浆压力应保持在 0.2～0.5MPa，如图 13-44 所示。

图 13-44　灌浆

（4）工艺流程 4：刷粘贴促进剂和密封胶制备

施工要点：采用电动搅拌机进行搅拌，搅拌好的胶水需在 2h 内打掉，如图 13-45 所示。

图 13-45　制备密封胶

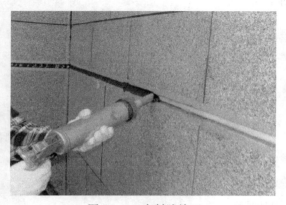

图 13-46　密封胶施工

（5）工艺流程 5：密封胶施工

施工要点：对 PC 板水平及竖向缝进行打胶，打胶厚度为 10mm 左右，保证打胶后胶面与 PC 板平；设定填缝的宽度，墙面两侧粘贴双面胶，确保施工后平整美观；平顺挤压胶枪，以 45°角施工，对缝隙进行打胶密封，如图 13-46 所示。

（6）工艺流程 6：墙缝间密封胶抹匀

施工要点：密封胶施工完成后使用毛刷与刮刀对接缝处进行刮平抹匀，去除多余的胶体；撕去双面胶，胶体在初固化 3h 前不得去碰触；隔天胶体即固化完全，如图 13-47 所示。

4.4 质量控制要点及检验标准

外侧竖缝及水平缝密封胶的注胶宽度、厚度应符合设计要求，密封胶应在预制外墙板固定校核后嵌填，先放填充材料，后打胶，施工时，不应堵塞放水空腔，注胶应均匀、顺直、饱和、密实，表面应光滑，不应有裂缝现象。

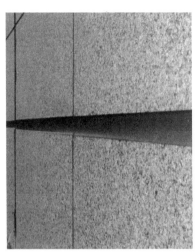

图 13-47　密封胶抹匀

密封胶应采用有弹性、耐老化的密封材料，衬垫材料与防水结构胶应相容。耐老化与使用年限应满足设计要求。

预制外墙板连接缝施工完成后应在外墙面做淋水、喷水试验，并在外墙内侧观察墙体有无渗漏。其中检验按批检验，每 $1000m^2$ 外墙面积应划分一个检验批，不足 $1000m^2$ 时也应划分为一个检验批；每个检验批每 $100m^2$ 应至少抽查一处，每处不得少于 $10m^2$。检验标准见表 13-16。

检验标准　　　　　　　　　　　　　　　　　　　表 13-16

序号	检验内容	检验方法
1	钢筋套筒灌浆连接及浆锚搭接连接的灌浆应密实饱满	检查灌浆施工质量检查记录
2	钢筋套筒灌浆连接及浆锚搭接连接用的灌浆料强度应满足设计要求	检查灌浆料强度试验报告及评定记录
3	外墙板接缝的防水性能应符合设计要求	检查现场淋水试验报告

5　细部节点

以下为常见防水细部节点，请各项目根据现场实际情况选用。

5.1 屋面防水节点

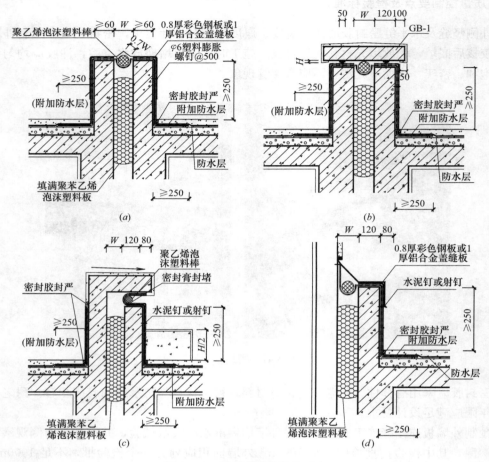

图 13-48 屋面变形缝节点示意

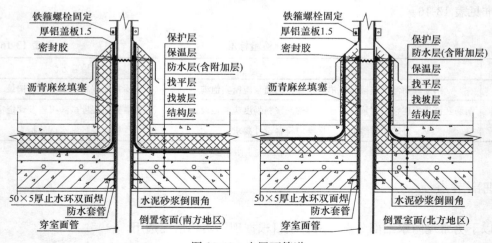

图 13-49 出屋面管道

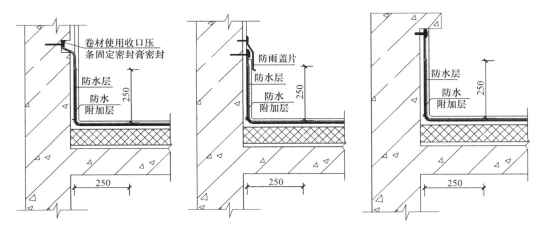

图 13-50　屋面泛水防水做法

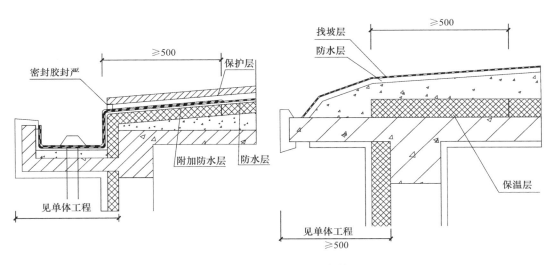

图 13-51　檐沟、天沟防水做法

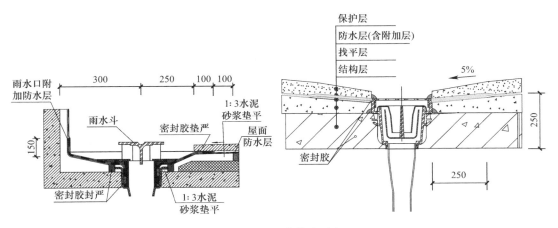

图 13-52　屋面直排式雨水口

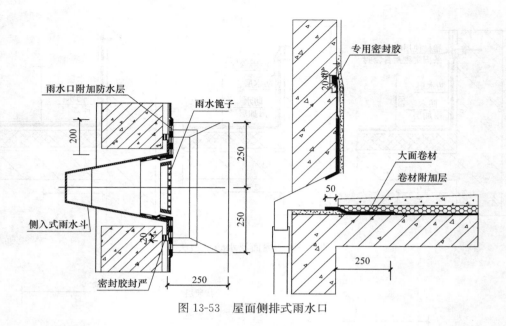

图 13-53　屋面侧排式雨水口

5.2　外门窗防水节点

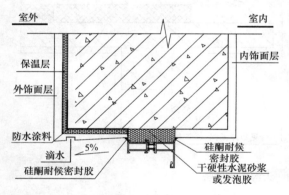

图 13-54　无副框上口节点

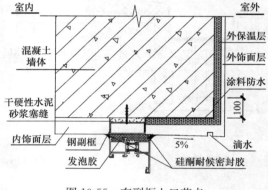

图 13-55　有副框上口节点

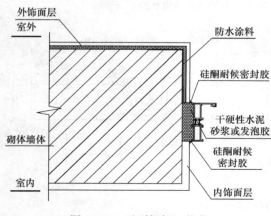

图 13-56　无副框侧口节点

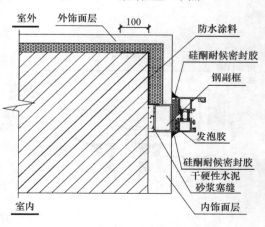

图 13-57　有副框侧口节点

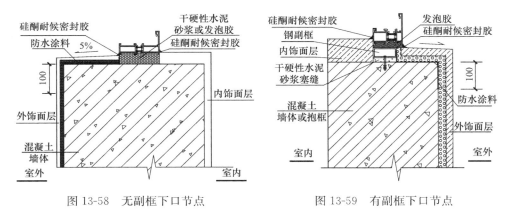

图 13-58 无副框下口节点　　　　图 13-59 有副框下口节点

5.3 外墙防水节点

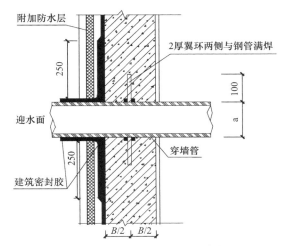

图 13-60 管根穿竖向结构防水做法

5.4 楼地面防水节点

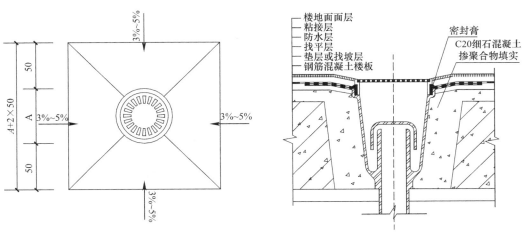

图 13-61 地漏防水构造

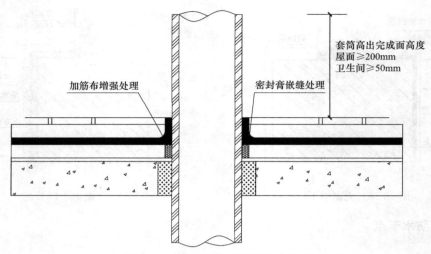

套筒高出完成面高度
屋面≥200mm
卫生间≥50mm

加筋布增强处理　　　　　　　　密封膏嵌缝处理

图 13-62　管根穿普通楼板防水做法

5.5　地下室防水节点

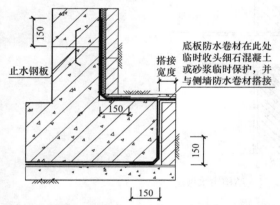

150

止水钢板

150

150

150

搭接宽度

底板防水卷材在此处临时收头细石混凝土或砂浆临时保护，并与侧墙防水卷材搭接

图 13-63　地下室底板与外墙交界节点

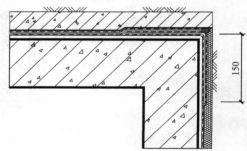

150

图 13-64　地下室底顶板与外墙交界节点

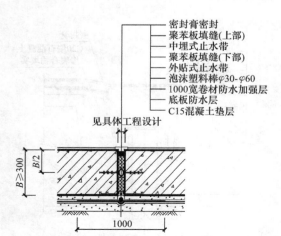

密封膏密封
聚苯板填缝(上部)
中埋式止水带
聚苯板填缝(下部)
外贴式止水带
泡沫塑料棒$\varphi30$-$\varphi60$
1000宽卷材防水加强层
底板防水层
C15混凝土垫层

见具体工程设计

$B/2$

$B≥300$

1000

图 13-65　地下室底板变形缝节点示意

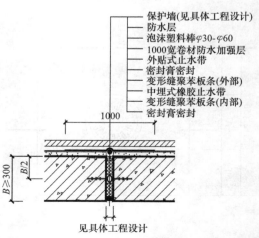

保护墙(见具体工程设计)
防水层
泡沫塑料棒$\varphi30$-$\varphi60$
1000宽卷材防水加强层
外贴式止水带
密封膏密封
变形缝聚苯板条(外部)
中埋式橡胶止水带
变形缝聚苯板条(内部)
密封膏密封

1000

$B/2$

$B≥300$

见具体工程设计

图 13-66　地下室外墙变形缝节点示意

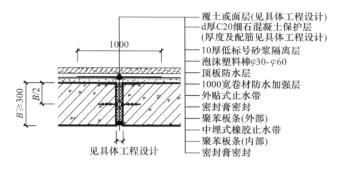

覆土或面层(见具体工程设计)
d厚C20细石混凝土保护层
(厚度及配筋见具体工程设计)
10厚低标号砂浆隔离层
泡沫塑料棒φ30-φ60
顶板防水层
1000宽卷材防水加强层
外贴式止水带
密封膏密封
聚苯板条(外部)
中埋式橡胶止水带
聚苯板条(内部)
密封膏密封

1000

B≥300
B/2

见具体工程设计

图 13-67　地下室顶板变形缝节点示意

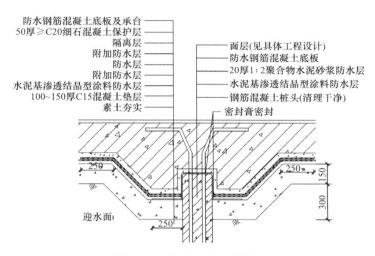

防水钢筋混凝土底板及承台
50厚≥C20细石混凝土保护层
隔离层
附加防水层
防水层
附加防水层
水泥基渗透结晶型涂料防水层
100~150厚C15混凝土垫层
素土夯实

面层(见具体工程设计)
防水钢筋混凝土底板
20厚1:2聚合物水泥砂浆防水层
水泥基渗透结晶型涂料防水层
钢筋混凝土桩头(清理干净)
密封膏密封

250
250
250
150
300

迎水面

图 13-68　桩头防水构造做法

第十四章 屋面工程施工工艺标准

1 细石混凝土面层

1.1 编制依据

编制依据见表 14-1。

编制依据 表 14-1

序号	名称	备注
1	《屋面工程质量验收规范》	GB 50207—2012
2	《屋面工程技术规范》	GB 50345—2012
3	《建筑工程施工质量验收统一标准》	GB 50300—2013
4	《平屋面建筑构造》	12J201
5	《刚性、柔性防水、隔热屋面》	西南 11J201
6	《建筑施工手册》	第五版

1.2 施工准备

1.2.1 技术准备

熟悉施工图纸，组织图纸会审，明确设计做法和细部构造要求；

编制有针对性的、可操作的专项施工方案，并组织进行交底；

组织对材料进行性能抽样复试，合格后方可用于施工。

1.2.2 机具准备

机械设备：平板振捣器、混凝土泵、运输小车、塔吊等。

大小平锹、铁滚筒、木抹子、铁抹子、2m 长木杠、水平尺、小桶、钢丝刷、笤帚、凿子、锤子等。

1.2.3 材料准备

采用商品细石混凝土（加微膨胀剂），标号 C20 及以上；

钢筋型号符合设计要求。

1.2.4 作业条件准备

屋面防水层、保温层已施工完毕，并经验收合格；

女儿墙四周已弹好＋50cm 水平标高控制线；

穿楼板的立管已安装，管洞堵塞密实；

基层清理干净，检查合格。

1.3 工艺流程

细石混凝土面层施工工艺流程见图 14-1。

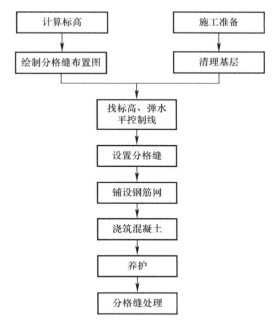

图 14-1 细石混凝土面层施工工艺流程

1.4 施工要点

1.4.1 工艺流程 1：计算标高

施工要点：

根据设计排水方向和坡度、水落口（雨水口）位置，核对或重新绘制屋面坡度走向图，优化排水路径，确定屋面汇水线和分水线位置，计算找坡高度，确定面层标高，如图 14-2 所示。

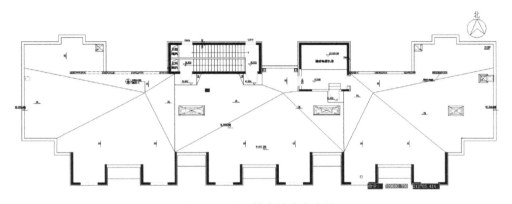

图 14-2 屋面排水坡度走向图

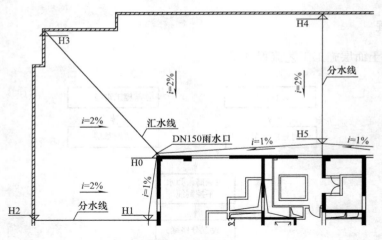

图 14-2　屋面排水坡度走向图（续）

1.4.2　工艺流程 2：绘制分格缝布置图

施工要点：

清理屋面平面图，突出显示女儿墙、落水口、设备基础、屋面结构物等，绘制分格缝布置图，分格缝间距不大于 6m（宜按不大于 3m 设置），宽度为 10～20mm；分水线处宜设置分格缝，设备基础或屋面突出物周边应设置分格缝；细石混凝土保护层与女儿墙或山墙之间，应预留宽度为 30mm 的缝隙，如图 14-3 所示。

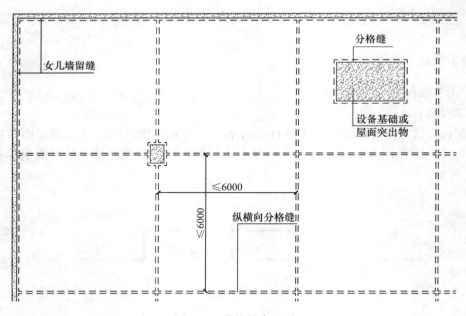

图 14-3　分格缝布置图

1.4.3　工艺流程 3：清理基层

施工要点：

面层施工前做好防水层维护，清除防水层表面的浮灰、杂物；细石混凝土保护层与防

234

水层、保温层间应设隔离层，表面平整、干净，如图 14-4 所示。

图 14-4　基层清理

1.4.4　工艺流程 4：找标高、弹水平控制线

施工要点：

根据确定的排水坡度和标高，结合已有的＋50cm 控制线，量测出面层的上平标高，弹在四周墙面上；用墨线弹出分水线、汇水线及分格缝位置，如图 14-5 所示。

1.4.5　工艺流程 5：设置分格缝

施工要点：

保护层施工前，采用木板条或泡沫条设置分格缝，分格缝纵横间距不大于 6m（宜按不大于 3m 设置），分隔缝宽度宜为 10～20mm，并上下贯通保护层，如图 14-6 所示。

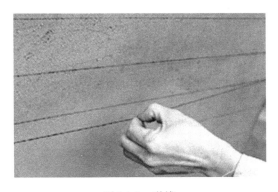

图 14-5　弹线

图 14-6　分格缝设置

1.4.6　工艺流程 6：铺设钢筋网

施工要点：

在钢筋加工场加工保护层钢筋，运至施工部位绑扎制作钢筋网。钢筋搭接应符合设计及规范要求，钢筋网片应设置于保护层中间偏上部位，分格缝位置断开，采用砂浆垫块支垫，如图 14-7 所示。

图 14-7　钢筋网安装

1.4.7　工艺流程 7：浇筑混凝土

施工要点：

浇筑按施工布置的运输路线，即先远后近、先里后外的施工顺序，按确定的各点标高，随摊平随拍实，或用铁辊滚压，振实后用 2m 木杠刮平，初凝前用木抹子提浆抹平压光；混凝土初凝后，及时取出分格木条（泡沫条不用取出），用铁抹子二次抹光，并对缝进行修整，保证缝格顺直；混凝土终凝前进行第三次压光，如图 14-8、图 14-9 所示。

图 14-8　混凝土找平　　　　　　　　图 14-9　修整分格缝

图 14-10　混凝土养护

1.4.8　工艺流程 8：养护

施工要点：

混凝土终凝后应及时进行养护，洒水覆盖保湿，养护时间不少于 7d，如图 14-10 所示。

1.4.9　工艺流程 9：分格缝处理

施工要点：

分格缝清理干净（泡沫条割除上部 10mm 即可）并达到干燥，表面均匀涂刷冷底子油，防水油膏嵌填密实，表面用 200～300 宽防水卷材或一布二油进行盖缝处理，如图 14-11～图 14-13 所示。

图 14-11　分隔缝与嵌缝油膏

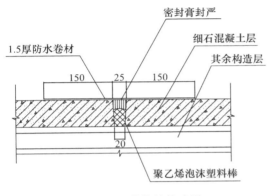

图 14-12　分格缝构造图

图 14-13　盖缝处理

1.4.10　工艺流程 10：细部构造

施工要点：

细石混凝土与女儿墙、山墙间应留设宽 30mm 的缝，缝内填塞聚苯乙烯泡沫条，表面用密封材料嵌填密实，如图 14-14～图 14-16 所示。

图 14-14　女儿墙留缝

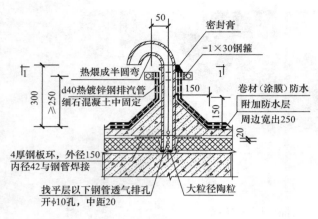

图 14-15 排气孔构造图

图 14-16 排气孔

保温层与大气连通的排气孔位置宜设在纵横分格缝相交处。

女儿墙、混凝土支墩、设备基础泛水处应做成圆弧形，高度不小于 250，保证顺直流畅，如图 14-17 所示。

水落口周边直径 500mm 范围内应找坡，坡度不小于 5%，如图 14-18、图 14-19 所示。

屋面虹吸式雨水斗应设置溢流口或溢流管系等设施，溢流口下缘高出雨水斗上缘不小于 50mm，如图 14-20 所示。

图 14-17 泛水设置

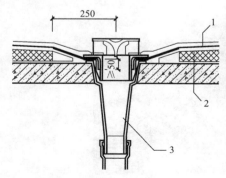

图 14-18 水落口构造图
1—防水层；2—附加层；3—水落斗

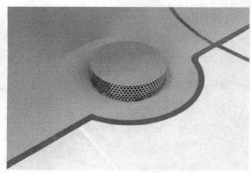

图 14-19 水落口

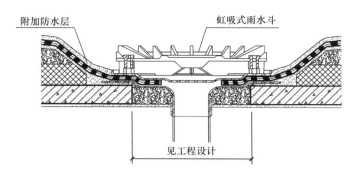

图 14-20　虹吸式雨水斗构造图

1.5　质量控制要点及检验标准

1.5.1　质量控制要点

水泥、砂、石等材料质量符合设计要求及施工规范的规定；

施工配合比、铺压密实度，应符合设计和施工验收规范的要求；

面层与基层的结合必须牢固，无空鼓；

面层表面洁净，无裂纹、脱皮、麻面和起砂等现象；

与水落口（管道）结合处严密平顺；

面层抹压过程中随时将脚印抹平，并封闭上人孔；

面层压光后在养护过程中，封闭门口和通道，不得有其他工种进入操作，避免造成表面起砂现象；

面层养护时间符合要求可以上人操作时，防止硬器划伤地面，油漆作业过程中防止污染面层。

1.5.2　检验标准

（1）主控项目

细石混凝土保护层所用材料的质量及配合比，应符合设计要求。

检验方法：检查出厂合格证、质量检验报告和计量措施。

细石混凝土保护层的强度等级，应符合设计要求。

检验方法：检查混凝土抗压强度试验报告。

保护层的排水坡度，应符合设计要求。

检验方法：坡度尺检查。

（2）一般项目

细石混凝土保护层不得有裂纹、脱皮、麻面和起砂等现象。

检查方法：小锤轻击和观察检查。保护层的允许偏差和检验方法见表 14-2。

保护层的允许偏差和检验方法　　　　　　　　　　　　表 14-2

项目	允许偏差（mm）	检验方法
表面平整度	5.0	2m 靠尺和塞尺检查
缝格平直	3.0	拉线和尺量检查
保护层厚度	设计厚度的 10%，且不得大于 5mm	钢针插入和尺量检查

2 面砖面层

2.1 编制依据

编制依据见表 14-3。

编制依据 表 14-3

序号	名称	备注
1	《屋面工程质量验收规范》	GB 50207—2012
2	《屋面工程技术规范》	GB 50345—2012
3	《建筑工程施工质量验收统一标准》	GB 50300—2013
4	《建筑地面工程施工质量验收规范》	GB 50209—2010
5	《建筑装饰装修工程质量验收规范》	GB 50210—2001
6	《建筑装饰装修工程施工工艺标准》	ZJQ00-SG-001-2003
7	《建筑施工手册》	第五版

2.2 施工准备

2.2.1 技术准备

熟悉施工图纸，组织图纸会审，明确设计做法和细部构造要求；

编制有针对性的、可操作的专项施工方案，并组织进行交底；

绘制面砖排版图及施工大样图，并组织进行交底；

组织对材料进行性能抽样复试，合格后方可用于施工。

2.2.2 机具准备

激光测量仪、线绳、切割机、小水桶、大桶、扫帚、平锹、铁抹子、木杠、筛子、手推车、钢丝刷、喷壶、橡皮锤子、凿子、方尺、钢尺、水平尺等。

2.2.3 材料准备

水泥：采用硅酸盐水泥、普通硅酸盐水泥或矿渣硅酸盐水泥，强度等级不应低于42.5，应有出厂合格证及检验报告，进场使用前进行复试合格后使用。

砂：采用洁净无有机杂质的中砂或粗砂，使用前应过筛，含泥量不大于3%。

砖材填缝剂：根据缝宽大小、颜色、耐水要求等选择专业生产厂家的填缝剂，应有合格证及检验报告。

砖材胶粘剂：应根据基层材料和面层材料使用的相容性要求，通过试验确定，并符合设计及规范规定。应有合格证及检验报告，并按规定复试合格。

面砖：面砖表面应光洁、方正、平整，边角整齐、无翘曲及窜角，质地坚固，其品种、规格、尺寸、色泽、图案应均匀一致，符合设计及规范规定。不得有缺棱、掉角、暗痕、裂纹等缺陷，其性能指标应符合设计及规范规定。应有合格证及检验报告，并按规定复试合格。

2.2.4 作业条件准备

出屋面设备已安装完毕，各种管口、下水口等已安装完毕，管线预埋完成，管洞封堵密实，女儿墙抹灰已完成；

屋面防水层、保温及保护层已施工完毕，作完蓄水试验，并验收合格；

标高控制线、泛水坡度线、屋脊控制线等已弹好，并校核无误；

屋面砖已提前进行选砖，规格尺寸、外观质量符合要求，颜色、花纹一致，表面无缺棱、掉角，表面有裂纹的应剔除，需要时使用前一天浸水湿润晾干待用；

样板施工完毕，并验收合格。

2.3 工艺流程

面砖面层工艺流程见图 14-21。

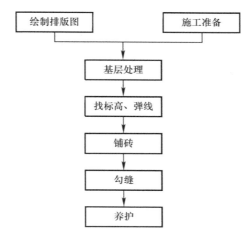

图 14-21 面砖面层工艺流程

2.4 施工要点

2.4.1 工艺流程 1：绘制排版图

施工要点：

测量屋面实际尺寸，根据屋面布局及施工要求，结合建筑柱网及突出物的分布情况，绘制面砖排版图，确定套贴图案形状、镶边尺寸及颜色，颜色搭配应协调亮丽，遵循以下原则：自分水线向两侧和横向进行对称分格；排版尺寸考虑扣除墙面装饰层厚度，保证整砖排布；分格缝间距不应大于 3m，宽度为 20～30mm，并与墙面分格缝对缝；柱、设备基础、排烟（风）道等突出物根部应留缝，周边宜整砖排布，并与面砖对缝，如图 14-22、图 14-23 所示。

2.4.2 工艺流程 2：基层处理

施工要点：

将混凝土基层地面凿毛，凿毛深度 5～10mm，凿毛痕的间距为 30mm 左右；表面的砂浆、杂物、浮灰、渣土等彻底清理干净，涂刷一道水泥浆结合层，如图 14-24 所示。

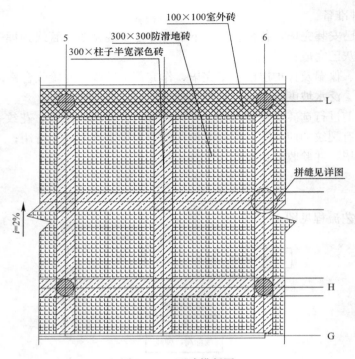

图 14-22　面砖排版图

图中标注：
100×100室外砖
300×300防滑地砖
300×柱子半宽深色砖
拼缝见详图
i=2%
5　6
L　H　G

图 14-23　成型屋面面砖

图 14-24　基层处理

2.4.3　工艺流程3：找标高、弹线

施工要点：

根据屋面排水坡度，结合已有的+50cm控制线，量测出面层的上平标高，弹在四周墙面上；根据排版图，在地面弹线定位，间距不大于3m。

2.4.4　工艺流程4：铺砖

施工要点：

根据弹线由内向外拉线逐行铺贴，先铺贴一层1:3干硬性水泥砂浆，厚度为10~15mm，然后用粘接砂浆满涂砖背面，对准拉线及缝子，将砖铺贴上，找正、找直、找方后，用橡皮锤拍实。挤出的砂浆及时清干净，做到面砖砂浆饱满、相接紧密、坚实。随铺砂浆随铺贴，面砖的缝隙宽度，饰面砖规格为90~110mm时，砖缝宽8~11mm，规格为 150～250mm 时，砖缝宽 12～15mm。铺贴过程中随时检查各道工序，做好复验，如图 14-25 所示。

图 14-25　铺砖

2.4.5　工艺流程 5：擦缝、勾缝

施工要点：

面层铺贴 24h 内，采用同品种、同强度等级、同颜色的 1∶1 水泥细砂浆进行擦缝、勾缝工作。缝内砂浆密实、平整、光滑，随勾随将剩余水泥砂浆清走、擦净。勾缝深度比砖面凹 2～3mm 为宜，如图 14-26、图 14-27 所示。

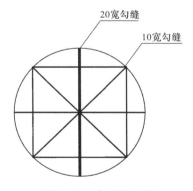

图 14-26　勾缝构造图　　　　　　　　　图 14-27　砖缝

2.4.6　工艺流程 6：养护

施工要点：

铺贴完成后，清理面砖表面，2～3h 内不得上人；铺贴完 24h 内应开始浇水养护，养护时间不得小于 7d。

2.4.7　工艺流程 7：细部构造

施工要点：

屋面分格缝与女儿墙分格缝对缝，如图 14-28 所示。

女儿墙泛水宜做成圆弧形，如图 14-29、图 14-30 所示。

墙根、栏板根部及柱、设备基础、排烟（风）道等突出物根部应留缝，周边宜整砖排布，并与屋面砖对缝，如图 14-31 所示。

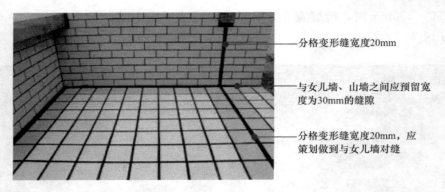

分格变形缝宽度20mm

与女儿墙、山墙之间应预留宽度为30mm的缝隙

分格变形缝宽度20mm，应策划做到与女儿墙对缝

图 14-28　屋面与女儿墙对缝

图 14-29　女儿墙泛水

图 14-30　屋面凸出结构泛水

图 14-31　设备基础根部

水落口周边直径 500mm 范围内应找坡，坡度不小于 5%，应进行局部排布，如图 14-32、图 14-33 所示。

天沟沟底宜采用整砖排布，两侧长度方向应采用不同规格、颜色的面砖、条砖或石材镶边，如图 14-34、图 14-35 所示。

保温层与大气连通的排气孔位置宜设在纵横分格缝相交处，如图 14-36 所示。

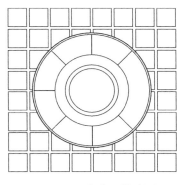
图 14-32　水落口排砖图

图 14-33　水落口

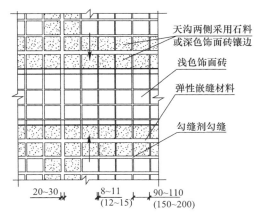
图 14-34　天沟排砖图

天沟两侧采用石料或深色饰面砖镶边

浅色饰面砖

弹性嵌缝材料

勾缝剂勾缝

20~30　8~11(12~15)　90~110(150~200)

图 14-35　天沟

图 14-36　排气孔

2.5　质量控制要点及检验标准

2.5.1　质量控制要点

面砖品种、质量必须符合设计要求并严格根据样品确认单上的确认的品牌及颜色进货；

面层与基层的结合应牢固、无空鼓，基层与面层结合牢固必须符合设计要求，首先试铺，排列要适当，标高、坡度等应符合设计要求；

砖面层表面应洁净、图案清晰，色泽一致，接缝平整，深浅一致，周边顺直。板块无裂纹、缺棱、掉角等缺陷；

面层邻接处的镶边用料及尺寸应符合设计要求，边角整齐、光滑，不得有小条砖；

严格控制平整度，符合规范要求，铺砌之前应洒水，湿润基层，注意泛水坡度，不泛水、无积水；与管道结合处应严密牢固，无渗漏。水泥、砂、石等材料质量符合设计要求及施工规范的规定。

2.5.2 检验标准

（1）主控项目

砖面层所用板块产品应符合设计要求和国家现行有关标准的规定。

检验方法：观察检查和检查型式检验报告、出厂检验报告、出厂合格证。

砖面层所用板块产品进入施工现场时，应有放射性限量合格的检测报告。

检验方法：检查检测报告。

面层与下一层的结合（粘接）应牢固，无空鼓（单块砖边角允许有局部空鼓，但每自然间或标准间的空鼓不应超过总数的 5%）。

检验方法：用小锤轻击检查。

（2）一般项目

砖面层的表面应洁净、图案清晰、色泽应一致，接缝应平整，深浅应一致，周边应顺直。板块应无裂纹、掉角和缺棱等缺陷。

检验方法：观察检查。

面层邻接处的镶边用料及尺寸应符合设计要求，边角应整齐、光滑。

检验方法：观察和用钢尺检查。

面层表面的坡度应符合设计要求，不倒泛水、无积水，与地漏、管道结合处应严密牢固，无渗漏。

检验方法：观察、泼水或用坡度尺及蓄水检查。允许偏差和检验方法见表14-4。

允许偏差和检验方法　　　　　　　　　　　　　　　　表 14-4

序号	项目	允许偏差（mm）			检验方法
		陶瓷锦砖、陶瓷地砖	缸砖	水泥花砖	
1	表面平整度	2.0	4.0	3.0	用2m靠尺楔形塞尺检查
2	缝格平直	3.0	3.0	3.0	拉5m线和用钢尺检查
3	接缝高低差	0.5	1.5	0.5	用钢尺和楔形塞尺检查
4	板块间隙宽度	2.0	2.0	2.0	用钢尺检查

3 平瓦坡屋面

3.1 编制依据

编制依据见表14-5。

序号	名称	备注
1	《屋面工程质量验收规范》	GB 50207—2012
2	《屋面工程技术规范》	GB 50345—2012
3	《建筑工程施工质量验收统一标准》	GB 50300—2013
4	《坡屋面工程技术规范》	GB 50693—2011
5	《坡屋面建筑构造（一）》	09J202-1
6	《建筑施工手册》	第五版

3.2 施工准备

3.2.1 技术准备

熟悉施工图纸，组织图纸会审，明确设计做法和细部构造要求；

编制有针对性的、可操作的专项施工方案，并组织进行交底；

绘制瓦材排版图及施工大样图，并组织进行交底；

组织对材料进行性能抽样复试，合格后方可用于施工。

3.2.2 机具准备

砂浆搅拌机、斗车、灰铲、灰桶、井架、切割机、锤子、麻线等。

3.2.3 材料准备

顺水条、挂瓦条：规格、尺寸、材质符合要求，木顺水条、挂瓦条均应做防腐处理。

平瓦、脊瓦：材质、瓦型、规格尺寸和颜色符合设计要求，物理性能（质量标准差、承载力、抗渗性能、抗冻性能）符合设计及规范要求。应有合格证及检验报告，并按规定复试合格。

选好瓦材，平瓦、脊瓦的质量符合要求，砂眼、裂缝、掉角、缺边等不符合质量要求的不宜使用。

3.2.4 作业条件准备

瓦面基层已经施工完毕并验收合格，应符合下列要求：结构层内应预埋 A10 锚筋，锚固长度符合构造要求，并做防腐处理；保温或防水层上应做 C20 细石混凝土找平层作为持钉层，内设 A6 钢筋网骑跨屋脊并绷直，钢筋网与预埋锚筋连牢；混凝土密实，表面平整，坡度符合设计要求；

相关材料堆放合理到位，要求前后两坡同时同一方向进行，避免屋面不均匀受力，摆瓦可按"条摆"或"堆摆"两种，"条摆"要求隔 3 根挂瓦条摆一条瓦，每米约 22 块；"堆摆"要求一堆 9 块瓦，左右间距隔 2 块瓦宽、上下隔 2 根挂瓦条，均匀错开，摆置稳妥；也可随铺随运，要求均匀、分散平摆在板上，不得在一块板上堆放过多，更不准在板的中间部位堆放过多，以免荷载集中；

根据排版图弹出挂瓦线；

样板施工完毕，并验收合格。

3.3 工艺流程

平瓦坡屋面施工工艺流程见图 14-37。

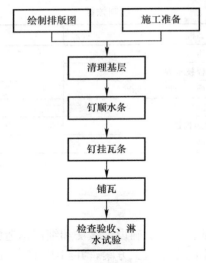

图 14-37 平瓦坡屋面

3.4 施工要点

3.4.1 工艺流程1：绘制排版图

施工要点：

根据屋面结构尺寸和造型要求，绘制排版图，排瓦原则是横向由檐口向屋脊逐排翻排，坡向由中心线向两侧逐排翻排，非整块瓦放在屋脊处，不同坡面的瓦须横向平直交圈，如图14-38所示。

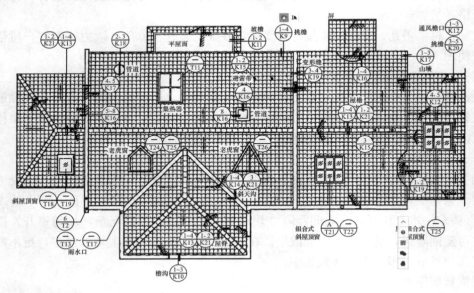

图 14-38 排版图

3.4.2 工艺流程2：清理基层

施工要点：

持钉层混凝土应平整、密实，强度符合要求，如图14-39所示。

图 14-39　基层清理

3.4.3　工艺流程 3：钉顺水条

施工要点：

顺水条一般尺寸为 30mm×30mm，钉牢在持钉层上，间距为 500～600，如图 14-40 所示。

图 14-40　顺水条

3.4.4　工艺流程 4：钉挂瓦条

施工要点：

挂瓦条断面一般为 30mm×30mm，必须平直，钉置牢固，不得漏钉，接头要错开，一般从檐口开始逐步向上至屋脊，钉置时要随时校核挂瓦条间距尺寸的一致。为保证尺寸准确，可在一个坡面两端，准确量出瓦条间距，通长拉线钉挂瓦条。

挂瓦条的间距要根据瓦材尺寸和一个坡面的长度经计算确定；檐口第一根挂瓦条，要保证瓦头出檐 50～70mm，上下排平瓦的瓦头和瓦尾的搭接长度 50～70mm，屋脊处两个坡面上最上两根挂瓦条，要保证挂瓦后，两个瓦尾的间距在搭盖脊瓦时，脊瓦搭接瓦尾的宽度每边不少于 40mm，如图 14-41 所示。

3.4.5　工艺流程 5：铺瓦

施工要点：

（1）屋面、檐口瓦

挂瓦次序从檐口由下到上、自左向右方向进行。檐口瓦要挑出檐口 50～70mm，瓦后爪均应挂在挂瓦条上，与左边、下边两块瓦落槽密合，随时注意瓦面、瓦楞平直，不符合质量要求的瓦不能铺挂。为保证铺瓦的平整、顺直，应从屋脊拉一斜线到檐口，即斜线对准屋脊下第一张瓦的右下角，顺次与第二排的第二张瓦、第三排的第三张瓦，直到檐口瓦

图 14-41 挂瓦条

的右下角，都在一直线上；右下到上依次逐张铺挂，可以达到瓦沟顺直，整齐、美观。檐口瓦用镀锌钢丝拴牢在檐口挂瓦条上。瓦的搭接顺序应顺主导风向，以防漏水。檐口瓦应铺成一条直线，天沟处的瓦要根据宽度及斜度弹线锯料。整坡瓦应平整，行列横平竖直，无翘角和张口现象，如图 14-42 所示。

图 14-42 屋面瓦

（2）脊瓦

挂平脊、斜脊脊瓦时，应拉通长麻线，铺平挂直。扣脊瓦用 1∶2.5 石灰砂浆铺座平实，脊瓦接口和脊瓦与平瓦间的缝隙处，用掺抗裂纤维的灰浆嵌严刮平，脊瓦与平瓦的搭接每边不少于 40mm；平脊的接头口要顺主导风向；斜脊的接头口向下，平脊与斜脊的交接处要用麻刀灰封严，如图 14-43 所示。

图 14-43 脊瓦

（3）斜天沟

先将整瓦（或选择可用的斜边瓦）挂上，沟边要求搭盖泛水宽度不小于150mm，弹出墨线，编好号码，将多余的瓦面砍去（可用钢锯锯掉，保证锯边平直），然后按号码次序挂上，如图14-44所示。

图14-44 天沟

（4）加强措施

屋面坡度大于100％或处于大风区时，块瓦固定采取加强措施，檐口部位应有防风揭和防落瓦的安全措施，每片瓦应采用螺钉和金属搭接固定。

3.4.6 工艺流程6：检查验收、淋水试验

施工要点：

施工完成后，用水将表面的灰尘清洗干净，如存在砂浆等污渍则要先用草酸清洗。对铺贴质量和外观进行检查。

3.4.7 工艺流程7：细部构造

施工要点：

（1）屋脊

屋脊构造图见图14-45。

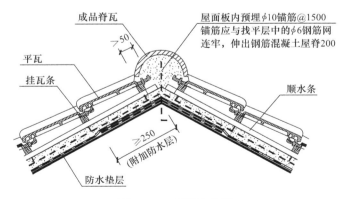

图14-45 屋脊构造图

（2）泛水

泛水构造图见图14-46。

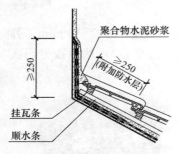

图 14-46 泛水构造图

（3）斜天沟

斜天沟构造图见图 14-47。

（4）檐口

檐口构造图见图 14-48。

3.5 质量控制要点及检验标准

3.5.1 质量控制要点

屋面工程所用的材料应符合质量标准和设计要求。屋面坡度应准确，沟瓦应顺直畅通；

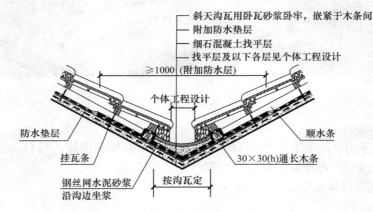

图 14-47 斜天沟构造图

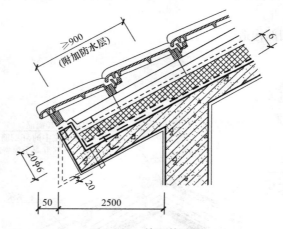

图 14-48 檐口构造图

瓦不得有缺角、砂眼、裂纹和翘曲张口等缺陷，铺设后的屋面不得渗漏水；

节点做法符合设计要求，封固严密，不得开缝、翘边。水落口及突出屋面设施与屋面连接处，应固定牢靠，密封严密；

基层应平整、牢固，瓦片排列应整齐、平直，搭接合理、接缝严密，横平竖直，不得有残缺瓦片。檐口出檐尺寸一致，檐口平直整齐；

瓦屋面完成后，应避免屋面受物体冲击，严禁任意上人或堆放物体。

3.5.2 检验标准

（1）主控项目

块瓦及其配套材料的质量应符合设计要求。

检验方法：观察检查和检查出厂合格证、质量检验报告和进场抽样复验报告。屋脊、天沟、檐沟、檐口、山墙、立墙和穿出屋面设施的细部构造，应符合设计要求。

检验方法：观察检查和尺量检查。

主瓦及配件瓦的固定、搭接方式及搭接尺寸应符合产品安装要求。

检验方法：观察检查和尺量检查。

块瓦屋面竣工后不得渗漏。

检验方法：雨后或进行 2h 淋水，观察检查。

（2）一般项目

顺水条、挂瓦条应连接牢固。

检验方法：观察检查和用 2m 靠尺检测。

屋面瓦材不得有破损现象。

检验方法：观察检查。

第十五章　外墙保温工程施工工艺标准

本工艺手册为外墙保温工程施工工艺，根据保温的材料及施工方法可将外墙保温共分为五部分。主要包括：后粘保温板类、复合保温外模板现浇类、保温浆料抹灰类、大模内置保温系统、复合保温板内保温系统。

本书对每项内容均按照施工准备、工艺流程、施工要点、质量检验标准作了介绍。

1　后粘保温板类施工工艺

1.1　编制说明

编制依据见表 15-1。

编制依据　　　　　　　　　　　　　　　　　表 15-1

序号	名称	备注
1	《外墙外保温工程技术规程》	JGJ 144—2008
2	《建筑物围护结构传热系数及采暖供热量检测方法》	GB/T 23483—2009
3	《居住建筑节能检测标准》	JGJ/T 132—2009
4	《耐碱玻璃纤维网格布》	JC/T 841—2007

1.2　施工准备

1.2.1　技术准备

编制专项施工方案并进行交底；

材料进场复试合格，如：保温板的导热系数、密度、抗压强度或压缩强度，砂浆的粘结强度，耐碱网格布的力学性能、抗腐蚀性能等。

1.2.2　机具准备

机械设备：电动切割机、冲击钻、打磨机、搅拌机等。

主要工具：托线板、靠尺、卷尺、阴、阳角抹子等。

1.2.3　作业条件准备

外脚手架或吊篮安设完成；

门窗框或辅框安装完毕、外墙螺杆眼封堵严实、各种进户管线和空调器等的预埋件、连接件安装完毕。

1.3　施工工艺

1.3.1　工艺流程

后粘保温板类施工工艺流程见图 15-1。

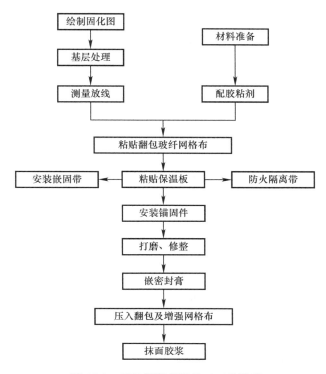

图 15-1 后粘保温板类施工工艺流程

1.3.2 施工要点

绘制固化图并编号。

施工要点：绘制安装排版图，加工、制作、编号，运至现场。

控制标准：根据设计图纸确定排版分格方案，如图 15-2 所示。

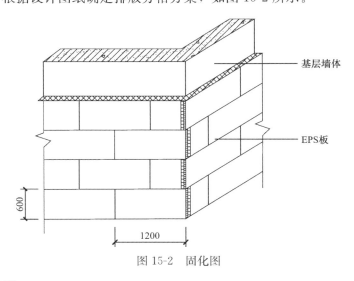

图 15-2 固化图

（1）基层处理

施工要点：混凝土墙面：发泡封堵螺杆眼、清理墙面浮灰等；砌体墙面：砂浆找平层。

控制标准：基层应平整、清洁，除掉松动空壳部位，填补裂缝、凹洞，剔除凸起物，如图 15-3 所示。

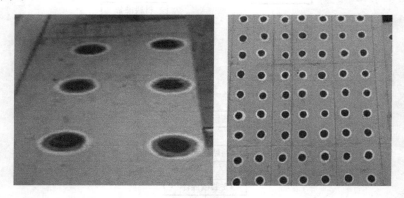

图 15-3　基层处理

（2）测量放线及粘贴翻包网格布

施工要点：根据立面设计弹控制线，每个楼层在适当位置挂水平线。在檐口、勒脚、门窗孔洞边的保温板上预粘贴窗幅网格布。

控制标准：弹出控制线，窗幅网格布的宽度约 300mm，翻包部分宽度约 100mm，如图 15-4 所示。

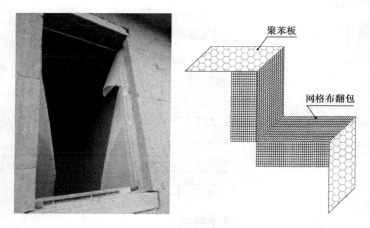

图 15-4　粘贴翻包网格布

（3）粘贴保温板

施工要点：条粘法或点框法粘贴，保温板应按照水平顺序排列，上下错缝粘贴，阴阳角处保温板应交错互锁。

控制标准：保温板之间的缝隙不得超过 1.5mm，接缝应离开角部至少 200mm，如图 15-5 所示。

（4）嵌固带安装

施工要点：按图纸要求设置嵌固带（材质为铝合金，以防生锈，规格为 44mm×24mm×1.8mm）。

控制标准：固定膨胀管螺栓直径 10mm，间距为每米不少于三个，嵌固带应连续设置，如图 15-6 所示。

图 15-5　粘贴保温板

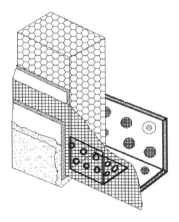

图 15-6　安装嵌固带

（5）防火隔离带

施工要点：根据设计图纸，每两层或每层沿楼座周围水平设置。

控制标准：防火隔离带应与基层墙体全面积粘贴，如图 15-7 所示。

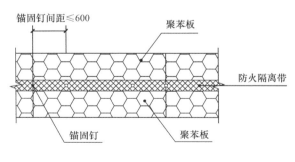

图 15-7　设置防火隔离带

（6）安装锚固件

施工要点：待保温板粘贴后 24h 以上，即可安装锚固件，锚栓与板表面齐平。

控制标准：孔洞深入不少于墙基面 50mm，采用梅花布钉法，数量：1～8 层 6 个/m²，9～14 层 7 个/m²，15～18 层 8 个/m²，19～24 层 9 个/m²，25～32 层 10 个/m²。但每一单块保温板不少于 4 个，如图 15-8 所示。

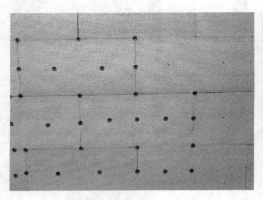

图 15-8　安装锚固件

（7）打磨、修整、嵌密封膏

施工要点：用专用打磨工具对保温板表面不平处打磨，采用聚氨酯发泡剂灌填并抹平表面。

控制标准：打磨动作采用轻柔的圆周运动，垂直于挤塑板接缝平行的方向打磨，如图 15-9 所示。

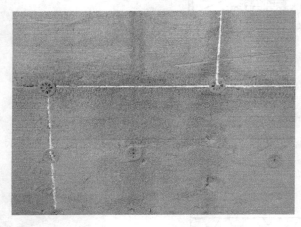

图 15-9　打磨效果图

（8）门窗洞口构造

施工要点：门窗洞口处压入翻包网格布并应加铺加强型网格布，两侧宽度不小于 200mm。

控制标准：单张网格布长度不超过 6m，左右搭接宽度 100mm，上下搭接宽度 80mm，如图 15-10 所示。

（9）抹面胶浆

施工要点：抹面层厚度以盖住网格布为准，厚约 2～3mm（连续施工，一次性完活）。

控制标准：将网格布全面覆盖，微见网格布轮廓为宜，不能有明显的抹纹、接茬等痕迹，并压平收光，待干，如图 15-11 所示。

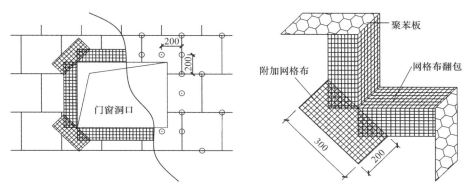

图 15-10　门窗洞口构造

图 15-11　抹面胶浆效果图

1.4　质量控制标准及检验标准

1.4.1　施工条件

施工时及施工后 24h 内，现场环境温度和基墙表面温度均不应低于 5℃。

1.4.2　墙面条件

墙面清洁无污染；

墙面平整度小于 4mm/2m；

墙面表面基本干燥。

1.4.3　保温板粘贴

保温板与基层的有效粘结面积率不小于 70%。

1.4.4 安装锚固件

待保温板粘贴后 24h 以上即可安装锚固件，锚固件具体的安装数量根据图纸确定，锚固深度 50mm，门窗洞口、阳角边缘应加固处理，水平、垂直间距应不大于 500mm，距基层边缘不小于 60mm，安装后的锚固件应与保温层相平。

锚栓拉拔试验：标准实验条件下混凝土墙体锚栓拉拔强度不小于 0.6MPa，蒸压加气块墙体的不小于 0.3MPa。

1.4.5 网格布压入

布与布搭接宽度为 100mm，上下搭接长度 80mm，窗洞口阳角部分各加一层 300mm×200mm 网格布进行加强。

保温板拉拔实验：标准试验条件下保温板拉拔强度不小于 0.1MPa。

1.4.6 检验标准

允许偏差及检验方法见表 15-2。

允许偏差及检验方法   表 15-2

项目	允许偏差（mm）	检验方法
表面平整度	3	2m 靠尺和塞尺检查
立面垂直度	3	2m 靠尺和塞尺检查
阴阳角垂直	3	2m 托线板
阴阳角方正	3	200mm 方尺
板块间缝宽	0.5	钢尺
板块间高差（含接槎高差）	1.0	钢尺

2 复合保温外模板现浇类施工工艺

2.1 编制说明

编制依据见表 15-3。

编制依据   表 15-3

序号	名称	备注
1	《混凝土结构工程施工质量验收规范》	GB 50204—2015
2	《建筑物围护结构传热系数及采暖供热量检测方法》	GB/T 23483—2009
3	《居住建筑节能检测标准》	JGJ/T 132—2009

2.2 施工准备

2.2.1 技术准备

编制专项施工方案并进行交底。

材料进场复试合格，如：保温板的导热系数、密度、抗压强度或压缩强度等。

2.2.2 机具准备

机械设备：电动切割机、手电钻、打磨机、搅拌机等。

主要工具：托线板、靠尺、卷尺、阴阳角抹子等。

2.2.3 材料准备

复合保温外模板由单面钢丝网加挤塑聚苯板与其外侧满覆厚度为（10～15）mm 轻质复合混凝土形成的叠合板，标准板尺寸 2.4m×0.6m。

2.3 施工工艺

2.3.1 工艺流程

复合保温外模板现浇类施工工艺流程见图 15-12。

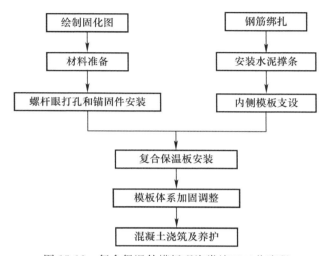

图 15-12 复合保温外模板现浇类施工工艺流程

2.3.2 施工要点

（1）绘制固化图并编号

施工要点：绘制安装排版图，加工、制作、编号。

控制标准：标准板尺寸为 2.4m×0.6m，根据设计图纸确定排版分格方案，如图 15-13 所示。

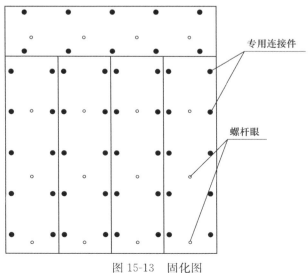

图 15-13 固化图

图 15-14　分类堆码

（2）材料准备

施工要点：按规格编号分开堆码。

控制标准：平放码垛，放置在平整干燥的场地，最高堆放不宜超过 20 层。非主规格尺寸的板现场切割，最小宽度不宜小于 150mm，如图 15-14 所示。

（3）螺杆眼打孔和锚固件安装

施工要点：根据模板的加固位置确定螺杆眼孔并打孔。

控制标准：螺杆眼孔根据内侧模板的加固位置确定。锚固件间距 500mm，锚固孔距离复合保温外模板外边缘应不少于 50mm，门窗洞口处可增设锚固件，如图 15-15 所示。

图 15-15　螺杆眼打孔和锚固件安装

（4）安装水泥撑条

施工要点：需要保证每块板均有对应的撑条，使用扎丝将水泥撑条和钢筋绑扎在一起。

控制标准：放置密度一般为 3～4 块/m²，如图 15-16 所示。

（5）内侧模支设

施工要点：对拉螺杆排数根据层高计算，提前将对拉螺杆放置到位，等待外侧复合保温板安装到位后统一进行加固。

控制标准：内侧模板按照模板类型进行支设，待外侧复合保温板安装完成后统一加固，如图 15-17 所示。

图 15-16　水泥撑条

（6）复合保温板安装

施工要点：根据排版图，采用人工安装方式进行，先安装阴阳角，再从一边向另一边安装；先底部，后上部。为防止漏浆拼接处粘贴双面胶。

控制标准：将对拉螺杆穿过保温板，放置次背楞木枋，木枋间距 150mm，放置 6.3 号双槽钢主背楞，保温板安放时高出混凝土楼面板 100mm，如图 15-18 所示。

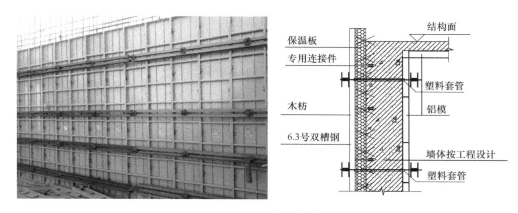

图 15-17　支设内侧模

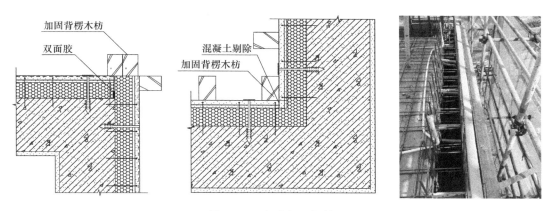

图 15-18　复合保温板做法

（7）模板体系加固调整

施工要点：加固方式同木模，紧固后，进行垂直度检查并调整。

控制标准：紧固后，应对其垂直度采用线锤和投线仪进行测量和纠偏，每面墙体进行测量，大角位置弹出垂线，如图 15-19 所示。

图 15-19　模板加固

（8）混凝土浇筑及养护

施工要点：浇筑墙体混凝土时，应先坐浆；封堵螺栓孔应先填入与保温板等厚的保温材料，再用干硬性砂浆或膨胀细石混凝土将孔洞填实，并在外表面涂刷水性有机硅等防水涂层。

控制标准：浇筑混凝土前应用水管清洗和润湿复合保温外模板和内模板，严禁将振捣棒直接振捣复合保温外模板，有散落在复合保温板上的混凝土及时清除，如图 15-20 所示。

图 15-20　混凝土浇筑及养护

2.4　质量控制标准及检验标准

保温板堆码时底部需垫放木方，分类堆放并挂标识牌；

复合保温外模板安装前现场预拼装，校核尺寸；

锚固件数量为每平方米不少于 5 个，安装孔距保温板外边缘应不少于 50mm，门窗洞口处可增设锚固件。任何一块非主规格板上都应有锚固件，每平方米不少于 5 个且间距不大于 500mm；

复合保温外模板拼接缝的水平缝在拼接时均应填压海绵条或粘贴密封胶带；

内模板拆除后应对螺栓孔封堵严实；

锚栓拉拔试验：标准实验条件下锚栓拉拔强度不小于 0.6MPa；

保温板拉拔实验：标准试验条件下保温板拉拔强度不小于 0.1MPa。

复合保温外模板尺寸允许偏差及性能要求见表 15-4、表 15-5。

复合保温外模板尺寸允许偏差及性能要求（mm）　　　　　表 15-4

项目			允许偏差
几何尺寸	长度	2400、2500、2700、3000	±3
	宽度	600、1200	±2
	厚度	60、70、75、80、85、90	±20
	轻质复合混凝土厚度		±20
	对角线差		±3
形位公差	侧面垂直度		≤L/750
	表现平整		≤2

注：1. L 表示板长度；

2. 规格尺寸可按设计要求制作。

复合保温外模板性能要求　　　　　表 15-5

项目		要求
面密度（kg/m²）		≤42
抗弯载荷		≥2 倍板重
拉伸粘结强度（轻质复合混凝土 与 XPS 板）（MPa）	原强度	≥0.15，破坏截面在 XPS 板内
	耐水	
	耐冻融	

3 保温浆料抹灰类施工工艺

3.1 编制说明

编制依据见表 15-6。

编制依据　　　　　表 15-6

序号	名称	备注
1	《外墙外保温工程技术规程》	JGJ 144—2008
2	《胶粉聚苯颗粒外墙外保温系统》	JG 158—2004
3	《建筑物围护结构传热系数及采暖供热量检测方法》	GB/T 23483—2009
4	《居住建筑节能检测标准》	JGJ/T 132—2009
5	《耐碱玻璃纤维网格布》	JC/T 841—2007

3.2 施工准备

3.2.1 技术准备

编制专项施工方案并进行交底。

材料进场复试合格，如：保温砂浆的导热系数、干表观密度、抗压强度和防火性能等。

3.2.2 机具准备

机械设备：砂浆搅拌机。

主要工具：线坠、托线板、靠尺、大杠、卷尺、阴阳角抹子等。

3.2.3 材料准备

EPS 或玻化微珠保温浆料，防渗抗裂柔性砂浆，耐碱玻纤网格布。

3.3 施工工艺

3.3.1 工艺流程

保温浆料抹灰类施工工艺见图 15-21。

3.3.2 施工要点

（1）材料准备

施工要点：搅拌需设专人专职进行，以保证搅拌时间和加水量的准确。

控制标准：可以通过观察其可操作性、抗滑坠性、膏料状态以及其测量湿表密度等方法判断搅拌质量，搅拌完成后须在 2h 内用完，如图 15-22 所示。

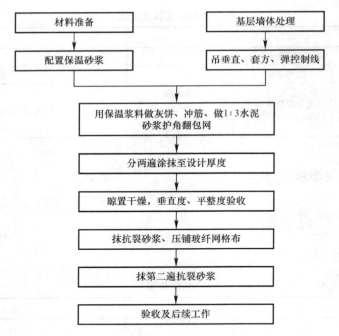

图 15-21　保温浆料抹灰类施工工艺

图 15-22　搅拌浆料

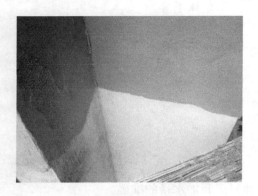

图 15-23　墙体处理效果图

（2）基层墙体处理

施工要点：表面清洁、砂浆找平。

控制标准：表面无油污脱模剂等妨碍粘结的附着物，墙面凸起物≥10mm 应铲平，无空鼓疏松部位，如图 15-23 所示。

（3）吊垂直、套方、弹控制线、做灰饼、冲筋

施工要点：保温砂浆施工前应在墙面做好施工厚度标志。

控制标准：吊垂直、套方找规矩、弹厚度控制线、拉垂直、水平通线、套方作口，按厚度线用保温砂浆作标准厚度灰饼冲筋，如图 15-24 所示。

图 15-24　吊垂线、做灰饼

（4）涂抹保温砂浆

施工要点：分层抹灰致设计保温层厚度，每层施工间隔为 24h。

控制标准：保温砂浆应分遍抹灰，每遍厚度不宜超过 20mm，第一遍应压实，最后一遍应找平，并用大杠搓平，如图 15-25 所示。

图 15-25　涂抹保温砂浆

（5）抹抗裂砂浆、压铺玻纤网格布

施工要点：待保温砂浆完全固化干燥后（手按不下陷），分两遍抹抗裂砂浆，压铺玻纤网格布。

控制标准：耐碱网格布剪去毛边裁好，长度不超过 3m，耐碱网格布搭接宽度不应小于 50mm，耐碱网格布的边缘严禁干搭，必须嵌在抗裂砂浆中，如图 15-26 所示。

图 15-26　抹抗裂砂浆、压铺玻纤网格布

3.4 质量控制标准及检验标准

保温层厚度均匀并不允许有负偏差。构造做法应符合建筑节能设计要求。

保温层与墙体以及各构造层之间必须粘接牢固，无脱层、空鼓、裂缝，面层无粉化、起皮、爆灰等现象。

网格布应铺压严实，不应有空鼓、褶皱、翘曲、外露现象，搭接长度应符合规定的要求。

允许偏差见表15-7、质量控制要点见表15-8。

允许偏差　　　　　　　　　　　表15-7

序号	项目	允许偏差（mm）		检查方法
		保温层	抗裂层	
1	立面垂直	4	3	用2m托线板检查
2	表面平整	4	3	用2m靠尺及塞尺检查
3	阴阳角垂直	4	3	用2m托线板检查
4	阴阳角方正	4	3	用20cm方尺和塞尺检查
5	保温层厚度	不允许有负偏差		用探针、钢尺检查

质量控制要点　　　　　　　　　　表15-8

部位	控制内容	控制范围	备注
抗裂防护层	1. 抗裂砂浆配合比	严格按比例配制抗裂砂浆	
	2. 抗裂砂浆使用时间	应在2h内用完	
	3. 抗裂砂浆层厚度	总厚度控制在3~6mm以内，但必须覆盖网格布，按工法要求搭接	
	4. 膨胀保温锚栓固定	12颗/m²，固定牢固	
	5. 抗裂砂浆层的表面平整度与垂直度	≤3mm/2m	

4 大模内置保温系统施工工艺

4.1 编制说明

编制依据见表15-9。

编制依据　　　　　　　　　　表15-9

序号	名称	备注
1	《外墙外保温工程技术规程》	JGJ 144—2008
2	《建筑物围护结构传热系数及采暖供热量检测方法》	GB/T 23483—2009
3	《居住建筑节能检测标准》	JGJ/T 132—2009
4	《耐碱玻璃纤维网格布》	JC/T 841—2007

4.2 施工准备

4.2.1 技术准备

编制专项施工方案并进行交底。

材料进场复试合格，如：保温板的导热系数、密度、抗压强度或压缩强度，砂浆的粘结强度，耐碱网格布的力学性能、抗腐蚀性能等。

4.2.2 机具准备

机械设备：切割聚苯板操作平台。

主要工具：盒尺、墨斗、液压剪、手锯、靠尺、钢卷尺、铅笔、检测工具、抹灰工具等。

4.2.3 材料准备

钢丝网架聚苯板保温板、L形 ϕ6 钢筋、外保温板混凝土保护层砂浆垫块、抗裂砂浆、海绵条、牛皮纸。

4.3 施工工艺

4.3.1 工艺流程

大模内置保温系统施工工艺流程见图 15-27。

4.3.2 施工要点

（1）绘制排版图

施工要点：绘制安装排版图，加工、制作、编号，运至现场。

控制标准：据设计图纸确定排版分格方案，如图 15-28 所示。

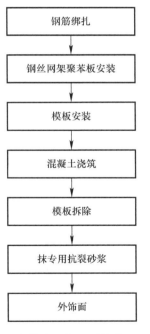

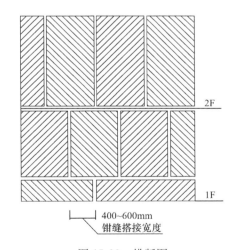

图 15-27 大模内置保温系统施工工艺流程　　　图 15-28 排版图

（2）钢筋绑扎

施工要点：墙体竖筋定位准确，外墙外侧钢筋保护层垫块采用水泥砂浆垫块。

控制标准：垫块与墙体水平筋绑牢，厚度为 15mm，间距不得大于 600mm×600mm，且每块保温板不得少于 6 块，暗柱处减小保护层垫块的间距，如图 15-29 所示。

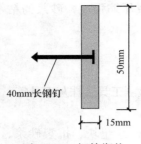

图 15-29 钢筋绑扎

40mm长钢钉

50mm

15mm

（3）钢丝网架聚苯板安装

施工要点：弹出墙厚线，拼装保温板，保温板搭接部位均采用企口搭接，在拼装好的聚苯板面上按设计尺寸弹线，标出 L 形筋的位置。

控制标准：L 形筋每平方米宜设置 4 根，插入墙体的一端与钢筋绑扎牢固，锚固深度不得小于 100mm，钢丝网架板每平方米斜插腹丝不得超过 200 根，门窗洞口两侧 100mm 范围内不做外墙外保温，填塞墙体混凝土，如图 15-30 所示。

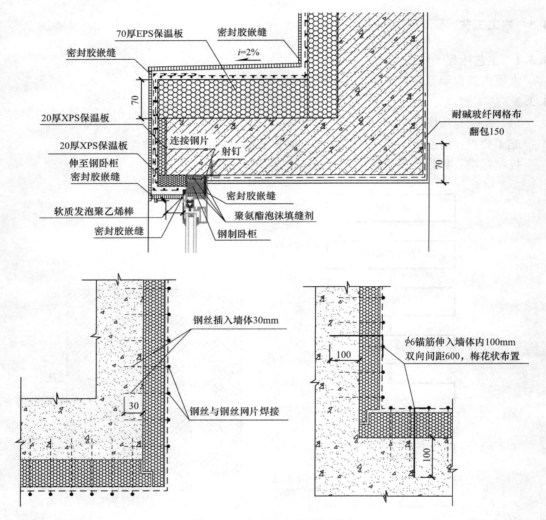

图 15-30　钢丝网架聚苯板做法

（4）模板安装

施工要点：采用钢制大模板。按保温板厚度确定模板配制尺寸、数量。

控制标准：墙体合模的顺序为：外墙外侧阴阳角模板→外墙外侧大模板→墙根一次清理→外墙内侧大模板→墙根二次清理→外墙内侧阴角模板，如图 15-31 所示。

（5）混凝土浇筑

施工要点：在浇筑混凝土前在企口处扣上保护槽，每层浇筑厚度不宜大于1m，振捣时，严禁将振捣棒紧靠保温板。

控制标准：混凝土下料点每隔5～10m分散布置，连续进行，洞口处浇筑混凝土时，沿洞口两侧同时下料，浇筑高度相差不得大于450mm，如图15-32所示。

图 15-31　安装模板

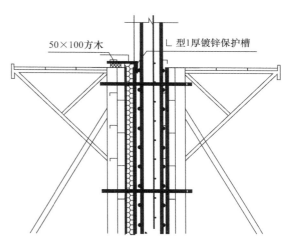

图 15-32　浇筑混凝土

（6）模板拆除

施工要点：必须严格按照拆模程序进行，严禁破坏保温板。

控制标准：先拆外侧模板再拆内侧模板，拆除模板后要及时将聚苯板表面上的混凝土浆清除，如图15-33所示。

图 15-33　拆除模板

（7）抹专用抗裂砂浆

施工要点：拆除模板后，应用专用抗裂砂浆分层抹灰，并在保温板的接缝处及阴阳角加铺网格布。

控制标准：在常温下待第一层抹灰初凝后方可进行上层抹灰，每层抹灰厚度不大于

15mm，总厚度不宜大于 25mm，如图 15-34 所示。

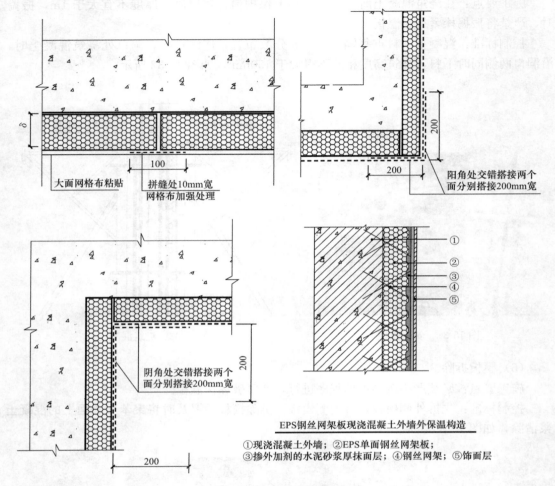

图 15-34　外墙保温做法

4.4　质量控制标准及检验标准

保温板加工符合要求，拼缝处均加工成企口，企口平直，分口居中。板面界面处理均匀无漏底现象，钢丝网架无锈蚀，斜插丝长度符合要求，出保温板面不小于 4cm；

安装时保温板拼接严密，板面安装平直，保温板阴阳角亦采用企口搭接，洞口处保温板切割平直，与洞口模板拼接严密；

保温板上所有的 L 形插筋、预留套筒及穿墙螺杆在插入保温板时必须先用穿孔锥预先穿孔，严禁直插入保温板，在保温板背面形成锥形的大窟窿；

混凝土保护层垫块及墙体钢筋无嵌入保温板的现象，钢筋保护层厚度符合设计要求。模板内无保温板碎粒；

聚苯板压缩厚度允许偏差 0.1mm。用尺量测上、中、下三点取平均值。

质量要求见表 15-10。

项目	质量要求
外观	界面砂浆涂敷均匀，与钢丝和 EPS 板附着牢固
焊点质量	斜丝脱焊点不超过 30%
钢丝挑头	穿透 EPS 板挑头不小于 30mm
EPS 板对接	板长 3000mm 范围内 EPS 板对接不得多于两处，且对接处需用胶粘剂粘牢

5　复合保温板内保温系统施工

5.1　编制说明

5.1.1　复合保温板内保温系统介绍

编制依据见表 15-11。

复合板内保温系统基本构造　　　　　　　　　　　表 15-11

基层墙体①	系统基本构造				构造示意
	粘结层②	复合板③		饰面层④	
		保温层	面板		
混凝土墙体、砌体墙体	粘结剂或粘结石膏＋锚栓	EPS 板、XPS 板、PU 板，纸蜂窝填充憎水型膨胀珍珠岩保温板	纸面石膏板，无石棉纤维水泥平板，无石棉硅酸钙板	腻子层＋涂料或墙纸（布）或面砖	

注：1. 当面板带饰面时，不再做饰面层；
　　2. 面砖饰面不作腻子层。

本工艺以石膏复合保温板（EPS）外墙内保温系统为例进行编制。

石膏复合保温板（EPS）外墙内保温系统：是以纸面石膏板为硬质面板，以模塑聚苯板（EPS）为保温层的大规格的复合保温石膏板系统为主体的保温系统。石膏复合保温板（EPS）由纸面石膏板和 EPS 复合粘贴组成，具有较好的保温性能，石膏板的厚度为 9.5、12mm，EPS 厚度为 30～60mm，若采用标准纸面石膏板，防火时间 7min。纸面石膏板可选择耐水纸面石膏板或耐火纸面石膏板。

EPS 复合保温板系统的三大构造层：粘结层：采用粘结石膏（必要时辅以锚栓固定件）。保温层：采用 18～22kg/m³ B2 级或 B1 级阻燃的 EPS 板。防护层：纸面石膏板。（该系统保温层和防护层为一体。）见图 15-35。

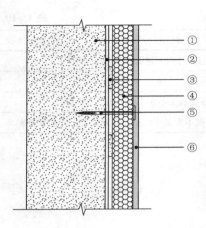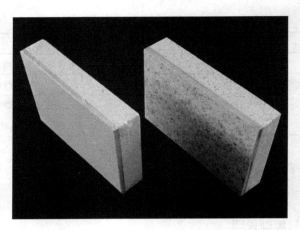

图 15-35　EPS复合石膏板内保温系统

①基层：混凝土墙或砌体墙；②砂浆找平层：清水墙面可取消；③固定粘结层：粘结石膏；④保温及防护层：
EPS石膏复合保温板；⑤锚栓固定件：工程塑料膨胀锚栓；⑥饰面层：柔性腻子＋内墙涂料。

5.1.2　规范标准

编制依据见表 15-12。

编制依据

表 15-12

序号	名称	备注
1	《外墙内保温工程技术规程》	JGJ/T 261—2011
2	《建筑节能工程施工质量验收规范》	GB 50411—2007
3	《夏热冬冷地区居住建筑节能设计标准》	JGJ 134—2010
4	《住宅建筑围护结构节能应用技术规程》	DG/TJ 08-206-2002
5	《建筑内部装修设计防火规范》	GB 50222—2015
6	《纸面石膏板》	GB/T 9775—2008
7	《建筑设计防火规范》	GB 50016—2014
8	《建筑物围护结构传热系数及采暖供热量检测方法》	GB/T 23483—2009
9	《居住建筑节能检测标准》	JGJ/T 132—2009

5.1.3　适用范围

本系统适用于耐火等级为二级的民用和工业建筑的各种外墙的内保温，燃烧性能为B1级、难燃。尤其适用于既有建筑节能改造。

基层墙体可以是钢筋混凝土、混凝土砌块、混凝土多孔砖或多孔黏土砖等。

本系统不得用于室外环境；不宜用于振动、高温、有腐蚀介质等作业环境的工业建筑中，如需采用应有加强和防护措施。

5.2　施工准备

5.2.1　技术准备

编制专项施工方案、绘制安装排版图并进行交底；

材料进场复试合格，如：保温板的导热系数、密度、抗压强度或压缩强度，粘接剂的粘结强度等；

安装前应核对材料品种及规格。粘结膏应干燥、无受潮、无板结。复合保温板应干燥平整、板面完整无损。

5.2.2 机具准备

机械设备：电动切割机、电钻、打磨机、腻子搅拌机等。

主要工具：托线板、靠尺、卷尺、阴阳角抹子等。

5.2.3 作业条件准备

现场温度 5～40℃，现场干燥清洁。

地坪施工完成。门窗、管线、线盒、新风口安装完毕，电器接线盒埋设深度应与保温墙厚度相应。

外墙面、门窗完成淋水实验。

5.3 施工工艺

5.3.1 工艺流程

复合保温板内保温系统施工工艺流程见图 15-36。

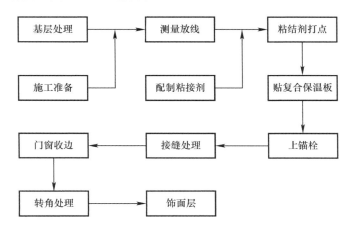

图 15-36 复合保温板内保温系统施工

5.3.2 施工要点

（1）基层处理

1）施工要点

混凝土墙面：发泡封堵螺杆眼、清理墙面浮灰等；

砌体墙面：砂浆找平层；砂加气砌块墙体表面做界面剂处理。

2）控制标准

基层墙面必须干燥清洁、完成找平，平整度在 5mm（2m 靠尺）以内，如图 15-37 所示。

（2）测量放线

1）施工要点

弹出控制线及保温板边线；门窗、保温采用

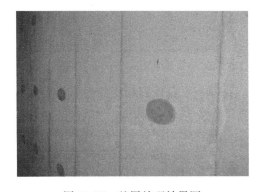

图 15-37 基层处理效果图

同一控制线。

2）控制标准

按设计在地坪及侧墙弹线，弹线位置为空腔层厚度＋粘结石膏＋复合保温板厚度。空腔层厚度可根据墙体的平整度在 5～20mm 内作调整。

在墙体纵横双向以 400mm 间距弹出排放粘结膏饼的参照线。侧墙弹线，如图 15-38 所示。

图 15-38　测量放线

（3）粘结石膏打点

1）施工要点

按照弹线在墙面上涂抹粘结膏，点粘和条粘相结合，打点冲筋间距 400mm

2）控制标准：点粘处粘结膏长不小于 200mm，宽不小于 80mm，厚度不小于 50mm，厚度均匀。

墙角、门窗、洞口周边、离地面顶面 50mm 位置采用条粘，宽度不小于 50mm。

整体粘结膏面积不小于总面积 30％，如图 15-39 所示。

图 15-39　粘结石膏打点

（4）复合保温板安装

施工要点：

接线盒及门窗洞口位置需准确预留。

从墙的一端开始顺序安装，板与板留出 1～2mm 伸缩缝隙。

复合保温板上口顶紧楼板，下口临时垫板与地面留出 10mm 缝隙，根据地面、踢脚板设计要求用密封胶嵌实处理（潮湿环境时可留空）。

使用直边靠尺用橡皮锤贴紧敲实板面，使复合保温板安装到位，如图 15-40 所示。

图 15-40　安装保温板

（5）锚栓的安装

1）施工要点

保温板粘贴牢固后安装锚栓。用不锈钢或经防腐处理的碳素钢等金属锚栓。

2）控制标准

锚栓进入基层墙体有效锚固深度大于 25mm，基层墙体为加气混凝土时有效锚固深度大于 60mm。空心墙体采用旋入式锚栓。

复合保温板侧边 15mm 处、在中间及上下边距 200mm 处安装锚栓，钉头不得露出板面。每张板整板安装不少于六颗锚栓，如图 15-41 所示。

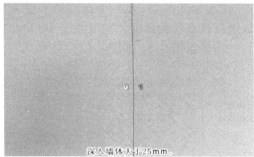

图 15-41　安装锚栓

（6）接缝处理

1）施工要点

待粘结膏硬化后（约 8h）采用两层接缝纸带进行接缝处理。

2）控制标准

嵌缝膏涂抹宽度自板边起两侧不应小于 50mm。

将接缝纸带居中贴在板缝处，并抹平压实嵌缝膏，使纸带埋于嵌缝腻子中，然后静置待其凝固。第一道接缝纸带较接缝每边宽出 50mm。第二道较第一道接缝纸带每边宽出 50mm。

接缝不得位于门窗洞口四角处且距洞口四角不得小于 300mm，如图 15-42 所示。

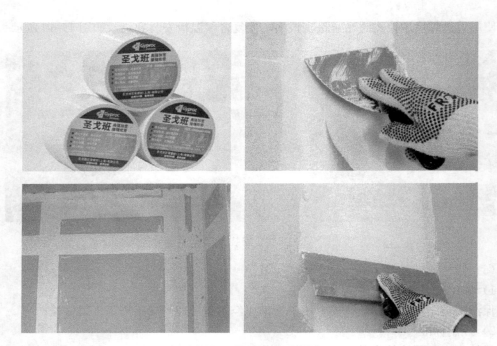

图 15-42　接缝处理示意图

（7）门窗收边

1）施工要点：窗口四周复合板做切边处理；阳角用护角纸带；采用嵌缝石膏或柔性勾缝腻子粘贴牢固。

2）控制标准：不平的切断边打磨平整。

嵌缝膏抹在转角两面，宽度大于 50mm。

将护角纸带沿中线对折，扣在转角处。护角纸带宽度较转角每边宽出 50mm，如图 15-43 所示。

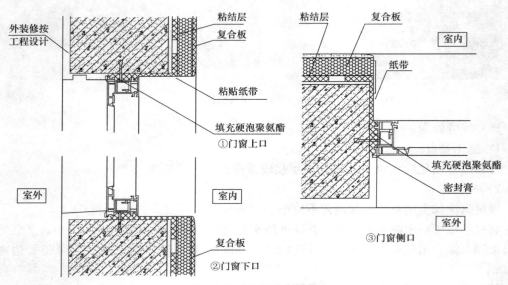

图 15-43　门窗收边做法

（8）转角处理

1）施工要点：阴阳角复合板做切边处理；阴角用接缝带、阳角用护角。采用嵌缝石膏或柔性勾缝腻子粘贴牢固。

2）控制标准：

转角表面光滑、平顺、粘贴牢固；表面处理同接缝，如图 15-44 所示。

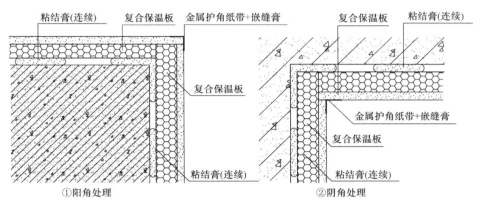

图 15-44　转角做法

（9）管线开槽

施工要点：

各种内藏管线和插座按设计安装。部分细小管线允许敷设在空腔层中，并可对 EPS 局部开槽，以方便敷设，但最多不宜削弱 EPS 厚度 10mm。安装电器接线盒时，接线盒埋设深度应与保温墙厚度相应，且安装牢固，如图 15-45 所示。

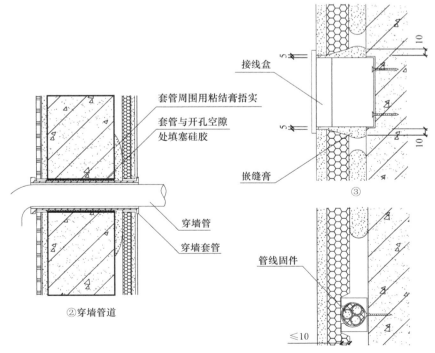

图 15-45　管线开槽做法

（10）踢脚线节点

踢脚线做法见图 15-46。

（11）天花板节点

天花板做法见图 15-47。

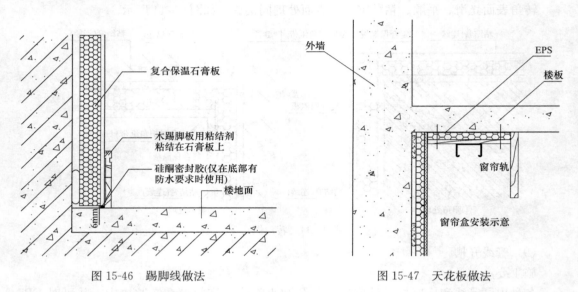

图 15-46　踢脚线做法

图 15-47　天花板做法

（12）热桥处理

热桥处理做法见图 15-48。

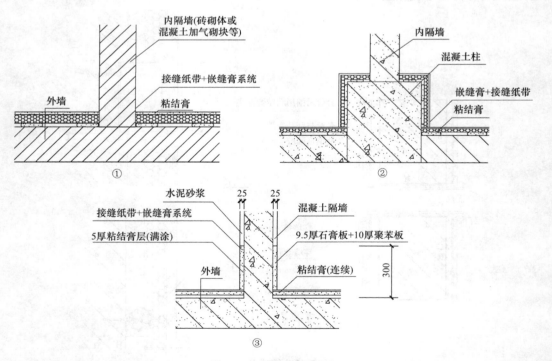

图 15-48　热桥处理做法

（13）饰面层

施工要点：

饰面层采用柔性腻子＋涂料或墙纸时复合保温板面板应选用纸面石膏板；

饰面层采用面砖时复合保温板面板应选用水泥板或硅酸钙板。

5.4 质量控制要点及检验标准

5.4.1 主控项目

复合保温板的品种、规格、性能应符合设计要求，有隔声、隔热、阻燃防潮等特殊要求的工程，板材应有相应的等级检测报告。

检查方法：观察；检查产品合格证书、进场验收记录和性能检测报告。

安装复合保温板所需的粘结膏饼位置、数量应符合设计要求。

检查方法：观察；尺量检查；检查隐蔽工程验收纪录。

复合保温板材所用的接缝材料的品种及接缝方法应符合设计要求。

检查方法：观察；检查产品合格证书和施工纪录。

复合保温板材的安装必须牢固。

检查方法：观察。

保温厚度板应符合设计要求，负偏差不得大于 2mm。

检查方法：用钢针插入和尺量检查。

5.4.2 一般项目

空腔厚度不得小于 5mm。

保温系统表面应平整，无污垢、裂纹、起皮、弯曲等缺陷，接缝采用嵌缝膏及纸带应均匀、顺直。

检查方法：观察；手摸检查。

保温系统的孔洞、槽、盒应位置正确、套割吻合、边缘整齐。

检查方法：观察

边角符合施工规定，表面光滑、平顺、门窗框与墙体间接缝应用金属护角纸带接缝，表面平整。

复合保温板安装的允许偏差和检验方法应符合表 15-13 要求：

复合保温板安装的允许偏差和检验方法　　　　　　　　　　表 15-13

项目	允许偏差（mm）	检验方法
表面平整度	5	用 2m 靠尺和楔形塞尺检查
立面垂直度	4	用 2m 托线板检查
阴、阳角垂直度	5	用 2m 托线板检查
阴阳角方正	5	用 200mm 方尺和楔形塞尺检查
接缝高差	15	用直尺和楔形塞尺检查

第十六章 楼梯施工工艺标准

1 编制依据

编制依据见表 16-1。

编制依据 表 16-1

序号	名称	备注
1	混凝土结构工程施工质量验收规范	GB 50204—2015
2	建筑工程施工质量验收统一标准	GB 50300—2013
3	建筑结构荷载规范	GB 50009—2012
4	建筑施工扣件式钢管脚手架安全技术规范	JGJ 130—2011
5	建筑施工模板安全技术规范	JGJ 162—2008
6	建筑施工高处作业安全技术规范	JGJ 80—2016
7	建筑施工安全检查标准	JGJ 59—2011
8	组合铝合金模板工程技术规范	JGJ 386—2016
9	建筑机械使用安全技术规程	JGJ 33—2012
10	建筑施工手册	第五版

2 施工准备

2.1 材料准备

相关模板材料见图 16-1～图 16-3。

图 16-1 普通楼梯模板材料

图 16-2 铝合金楼梯模板材料

图 16-3 钢制封闭梯模板材料

2.2 机具准备

机具清单见表 16-2。

机具清单 表 16-2

序号	机具名称	功能	图例	备注
1	经纬仪	测量放线		通用
2	电锯	木模板加工		通用
3	锤子	木模板安装		通用

序号	机具名称	功能	图例	备注
4	混凝土振捣	开放式楼梯及封闭式楼梯振捣		通用
5	小撬棍	铝模板加工		铝合金模版
6	电焊机	封闭式钢模板楼梯制作		封闭式钢模板楼梯
7	吊扣	预制楼梯吊装		预制楼梯
8	垫片	调节标高		预制楼梯
9	注浆机	连接缝注浆		预制楼梯

2.3 技术准备

楼梯施工前对各楼梯施工工艺进行深化设计，对配模进行设计，为保证楼梯装饰层完成后踏步面一致，在踏步板支设时要预留装饰层抹灰厚度。

3 工艺流程

相关工艺流程见图 16-4～图 16-6。

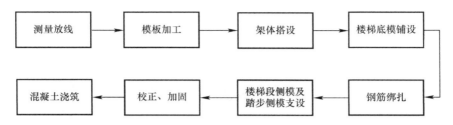

图 16-4　开放式普通木模板楼梯施工工艺流程

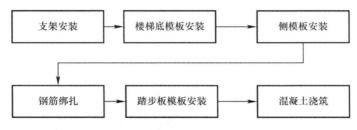

图 16-5　封闭式楼梯施工工艺流程

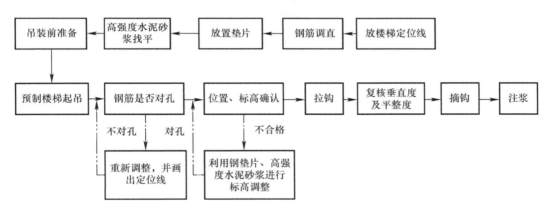

图 16-6　预制楼梯施工工艺流程

4　施工要点

4.1　开放式木模板楼梯施工要点

4.1.1　工艺流程 1：测量放线

通过主控轴线和标高线，弹出纵横线和标高线，再分出结构边线和控制"50"线，用墨线弹出楼梯模板梁底、梁顶、侧模边线和水平线，用钢尺、吊线锤校正合格，如图 16-7 所示。

4.1.2　工艺流程 2：模板加工

根据楼梯图纸对楼梯模板进行加工，楼梯模板选用 18mm 厚双面覆膜多层板，楼梯侧模根据图纸中踏步数据进行加工，如图 16-8 所示。

图 16-7　测量放线

（a）投递主控制轴线；（b）投递主控制标高；（c）分纵横线；（d）标高抄平

（e）结构边线；（f）控制"50"线；（g）轴线标注；（h）吊线锤校正

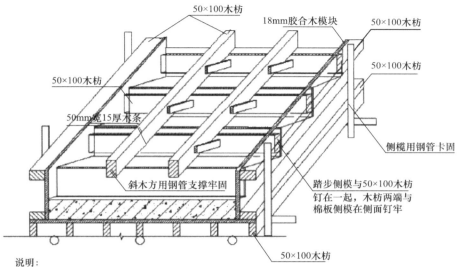

说明：
1.模板面层采用18厚胶合木模块，次龙骨木方均采用50×100mm。
2.踏步侧模背面钉50×100mm木枋，木枋两端与梯板侧模在梯板侧外侧钉紧。
3.踏步侧模用两根50×100mm木枋在上面做斜撑，斜撑上钉50mm宽15mm厚木条撑在踏步侧模木枋上，斜撑木枋下端用钢管支撑固定。

(a)

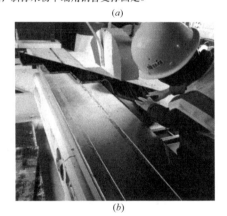

(b)

图 16-8　模板加工

（a）模板配模示意图；（b）模板加工实物图

4.1.3　工艺流程3：架体搭设

(a)　　　　　　　　　　　　(b)

图 16-9　架体搭设

（a）架体搭设支撑示意图；（b）架体搭设支撑实物图

4.1.4　工艺流程4：楼梯底模铺设

先进行平台段及楼梯梁模板的支设，随后完成楼梯段底模的搭设，搭设完成后对模板的轴线及标高进行复测，如图16-10所示。

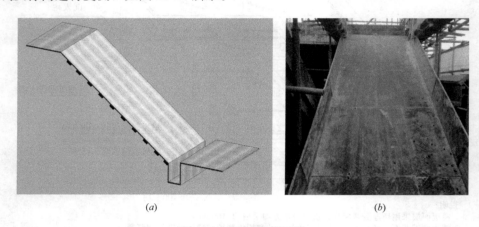

(a)　　　　　　　　　　　　　　　　(b)

图16-10　楼梯底模铺设

(a) 楼梯底模铺设示意图；(b) 楼梯底模铺设实物图

4.1.5　工艺流程5：楼梯段侧模支设

根据之前加工成型的楼梯段侧模进行安装，侧模外设置2根50mm×100mm木枋为次背楞，如图16-11所示。

(a)　　　　　　　　　　　　　　　　(b)

图16-11　楼梯段侧模支设

(a) 侧模设置木方示意图；(b) 侧模设置木方实体样板

4.1.6　工艺流程6：钢筋绑扎

板底模板验收合格后安装平台板、梯段板及梯梁钢筋，平台板、梯段板及梯梁钢筋绑扎时注意设置垫块，间距500mm×500mm，保证钢筋保护层厚度，如图16-12所示。

4.1.7　工艺流程7：踏步侧模支设

根据踏步高度及楼梯宽度提前加工好成型的踏步侧模，安装时直接放入楼梯段两侧模的凹槽卡口内即可，如图16-13所示。

4.1.8　工艺流程8：校正、加固

楼梯侧板使用木枋作为次背楞，双钢管作为主背楞，$\phi 14$对拉螺杆夹紧固定。踏板采用木枋及模板搭配进行加固（梯段宽每米设置1道），避免踢面变形，如图16-14所示。

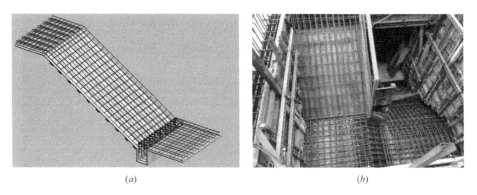

图 16-12　钢筋绑扎

（a）楼梯钢筋绑扎示意图；（b）楼梯钢筋绑扎实物图

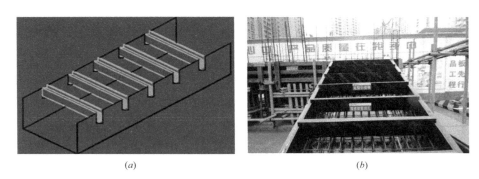

图 16-13　踏步侧模支设

（a）踏步安装示意图；（b）踏步安装实体样板

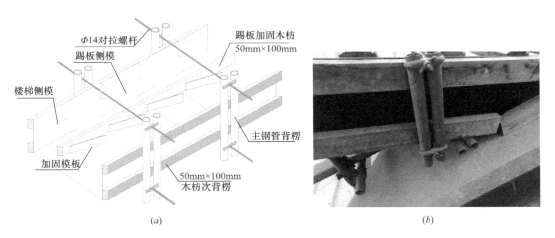

图 16-14　架体搭设

（a）楼梯校正加固做法；（b）楼梯校正加固做法

4.1.9　工艺流程 9：混凝土浇筑

楼梯混凝土浇筑时自下而上依次浇筑，浇筑时注意振捣，并随时用木抹子将踏步将踏步上表面抹平，如图 16-15 所示。

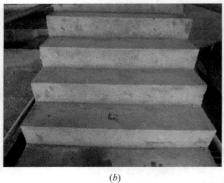

(a)　　　　　　　　　　　　　　(b)

图 16-15　架体搭设
(a) 施工缝留设做法；(b) 楼梯成型面效果

4.2　封闭式铝合金楼梯施工要点

4.2.1　工艺流程 1：支架安装

楼梯模板支撑采用钢支撑，间距为 1200mm；支架的间距及排数需满足设计要求，构配件连接牢固，不得随意减少竖向杆的数量，如图 16-16 所示。

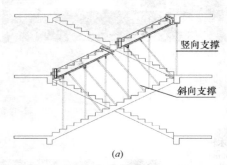
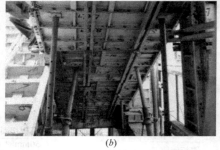

(a)　　　　　　　　　　　　　　(b)

图 16-16　支架安装
(a) 支撑示意图；(b) 支撑实物图

4.2.2　工艺流程 2：模板安装

支撑安装完成后，先安装楼梯底模及侧模，采用销钉销片连接，如图 16-17 所示。

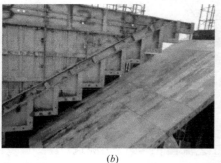

(a)　　　　　　　　　　　　　　(b)

图 16-17　模板安装
(a) 底模安装；(b) 侧墙模板安装

4.2.3 工艺流程3：钢筋绑扎

板底模板验收合格后安装平台板、梯段板及梯梁钢筋，钢筋绑扎时注意设置垫块，间距500mm×500mm，保证钢筋保护层厚度，如图16-18所示。

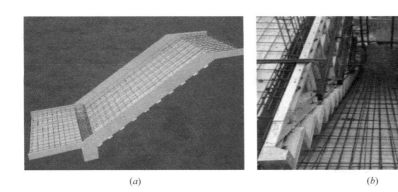

(a)   (b)

图16-18 钢筋绑扎

（a）楼梯钢筋绑扎示意图；（b）楼梯钢筋绑扎实物图

4.2.4 工艺流程4：楼梯踏步板安装

楼梯踏步板从下往上安装，最后安装加固背楞，并设对拉螺杆固定，如图16-19所示。

(a)   (b)

图16-19 楼梯踏步板安装

（a）踏步板安装：采用销钉销片连接；（b）模板背楞加固：共两道背楞采用对拉螺杆固定

4.2.5 工艺流程5：振捣孔及透气孔设置

每三步设置尺寸为300mm×200mm的混凝土振捣孔及透气孔（设计阶段需设计完成），踏步板边安装边固定直至安装完成，如图16-20所示。

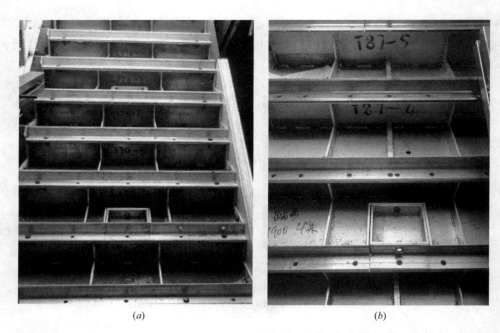

(a)　　　　　　　　　　　　　　　　　　(b)

图 16-20　振捣孔及透气孔设置

(a) 振捣孔（透气孔）设置；(b) 振捣孔（透气孔）设置

4.2.6　工艺流程 6：楼梯浇筑混凝土

楼梯混凝土由上部平台板位置下料，待第一个振捣孔以下的模板内的混凝土基本填充满楼梯模板时，暂时停止下料，采用 φ50 振捣棒从振捣孔位置伸入楼梯模板内部，将混凝土振捣密实，封闭振捣孔，然后重复下料振捣，直至楼梯浇筑到顶，如图 16-21 所示。

(a)　　　　　　　　　　　　　　　　　　(b)

图 16-21　楼梯浇筑混凝土

(a) 楼梯混凝土浇筑；(b) 楼梯混凝土浇筑

4.2.7　工艺流程 7：楼梯铝合金模板拆模

楼梯模板拆模顺序与支模顺序相反，先拆除踏步板模板，再拆除两侧模板，然后拆除底模，如图 16-22 所示。

(a)   (b)

图 16-22　楼梯铝合金模板拆模

（a）支撑保留，待达到混凝土强度时拆除；（b）楼梯混凝土成型效果

4.3　钢制楼梯施工要点

4.3.1　工艺流程 1：钢制楼梯模板深化设计

钢制模板应根据施工图纸及施工组织设计，结合现场施工条件进行设计，确定楼梯加固形式、支撑间距、透气孔及震动棒位置，如图 16-23 所示。

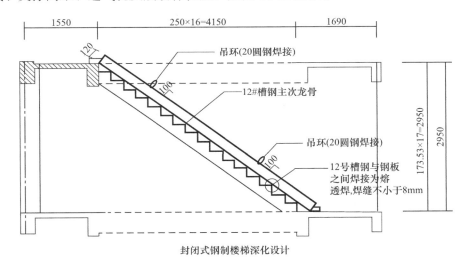

封闭式钢制楼梯深化设计

图 16-23　钢制楼梯模板深化设计

4.3.2　工艺流程 2：模板安装、钢筋绑扎

底模安装、钢筋绑扎及侧模安装同普通开放式楼梯，如图 16-24 所示。

4.3.3　工艺流程 3：踏步板安装

踏步板为 2mm 定型钢制面板，加固背楞采用 12 号槽钢焊接，每隔 3 步设置 300mm× 200mm 振捣孔及透气孔，用直径 20 圆钢焊接 4 个吊钩，通过塔吊吊装，如图 16-25 所示。

4.3.4　工艺流程 4：混凝土浇筑

封闭式钢制楼梯混凝土浇筑由上至下依次进行浇筑，同铝合金模板混凝土浇筑方式一致。

(a)

(b)

图 16-24　模板安装、钢筋绑扎

(a) 钢制踏步面板制作；(b) 12 号槽钢焊接龙骨

(a)

(b)

图 16-25　踏步板安装

(a) 透气孔及振捣孔；(b) 吊钩设置

4.4　封闭式木模板楼梯施工要点

4.4.1　工艺流程 1：封闭式木模板深化设计

根据施工图纸及施工方案，结合现场施工条件进行设计，确定楼梯加固形式、支撑间距、透气孔及震动棒位置，如图 16-26 所示。

4.4.2　工艺流程 2：模板安装、钢筋绑扎

底模安装、钢筋绑扎及侧模安装同普通开放式楼梯。

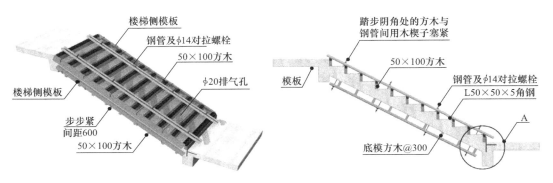

图 16-26　封闭式木模板深化设计

4.4.3　工艺流程3：踏步板支设

踏步板为普通模板面板封模，在每块面板边 1/3 处开直径 20mm 透气孔，采用两道双钢管背楞进行加固，如图 16-27 所示。

图 16-27　踏步板支设

(a) 踏步侧板安装；(b) 踏步面板安装；(c) 双钢管加固；(d) 透气孔设置

4.4.4 工艺流程 4：混凝土浇筑

凝土浇筑由上至下依次进行浇筑。

4.5 预制楼梯

4.5.1 工艺流程 1：测量放线

将控制轴线引出后，由各楼栋的劳务队将预制楼梯的边线和吊装控制线弹出，方便预制楼梯的吊装，如图 16-28 所示。

(*a*)　　　　　　　　　　　　(*b*)

图 16-28　测量放线

(*a*) 梯段边线及控制线；(*b*) 放置垫片调节标高

4.5.2 工艺流程 2：预留钢筋的校正

检查预留钢筋的定位和垂直度是否合格，并使用钢套管对预留钢筋进行校正，如图 16-29 所示。

(*a*)　　　　　　　　　　　　(*b*)

图 16-29　预留钢筋的校正

(*a*) 预留钢筋；(*b*) 预留钢筋校正

4.5.3 工艺流程 3：水泥砂浆找平

预留钢筋调直后根据垫片高度对预留区域进行抹灰，采用 M15 水泥砂浆找平，同时确保坐浆区域的饱满和密实，待水泥砂浆达到强度后方可进行吊装，如图 16-30 所示。

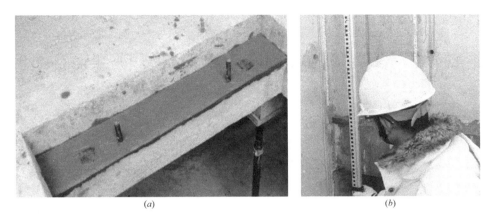

(a)   (b)

图 16-30　水泥砂浆找平
（a）水泥砂浆找平；（b）使用水准仪测量砂浆找平标高

4.5.4 工艺流程 4：预制楼梯吊装

使用四根指定长度钢丝绳对预制楼梯进行挂钩起吊，预制楼梯安装就位，吊装完毕摘勾，如图 16-31 所示。

(a)   (b)

(c)   (d)

图 16-31　预制楼梯吊装
（a）预制楼梯挂钩起吊；（b）操作人员手扶引导降落；（c）螺杆对孔安装；（d）使用水准仪复核标高

4.5.5　工艺流程 5：灌浆及封边

楼梯吊装完成后，使用注浆机往固定铰端的螺杆孔进行注浆，然后根据建筑节点做法，完成楼梯的柔性连接。

梯段两侧与墙板之间的缝隙使用防火胶进行封堵，使其满足建筑防火要求，如图 16-32 所示。

(a)　　　　　　　　　　　　　　　(b)

图 16-32　灌浆及封边
(a) 预制楼梯灌浆；(b) 预制楼梯缝隙封堵

4.5.6　工艺流程 6：预制楼梯防护栏杆的安装

预制楼梯吊装完毕后，安装踏步板及防护栏杆，条件允许的项目可采用永临结合方式，作为楼梯的临边防护，并做好楼梯和永久栏杆的成品保护，如图 16-33 所示。

(a)　　　　　　　　　　　　　　　(b)

图 16-33　预制楼梯防护栏杆的安装
(a) 永久栏杆安装及成品保护；(b) 临时防护及踏步成品保护

5　质量控制要点

5.1　开放式木模板楼梯质量控制要点

楼梯板施工缝留设在上一层 1/3 跨距范围以内，一般留设 3 阶，并预留钢筋，浇筑时留施工缝应垂直于梯段板底面，一般用梳子板进行封挡，在下一次楼梯混凝土浇筑前将施工缝处凿毛并清理干净；

梯板处需将垫块与钢筋绑扎牢固，避免梯段板底部露筋；

楼梯施工缝处在支模前剔除浮浆和松动碎石；浇筑混凝土前，清理干净锯末等杂物，浇水湿润；

踏步面混凝土初凝后，采用木抹子进行收面（收面应特别注意清理干净角部余浆及突出表面的石子），并在终凝前进行二次收面，采用铁抹子压光，浇水养护。

5.2 铝合金封闭式楼梯质量控制要点

铝合金模板安装过程中，竖向杆数量严格按方案要求设置，严禁减少杆件数量，楼梯底模及侧模销钉销片必须按方案要求安装牢固，不得缺失；

铝合金模板及时清理表面浮浆，及时涂刷脱模剂，浇筑前将施工缝处凿毛并清理干净；

混凝土浇筑过程中，需从下往上依次揭开透气孔进行振捣，不得从下一直往上浇筑不使用振捣孔；

铝合金模板支撑架体强度要达到规范要求；

混凝土浇筑前清理模板内灰尘及垃圾。

5.3 钢制楼梯质量控制要点

制作钢楼梯前，应仔细核对设计图纸，根据设计图纸采用 CAD 或 Revit 等设计软件绘制钢楼梯模型，标明楼梯各部件材料规则尺寸，以指导钢楼梯的制作加工；

钢楼梯安装过程中做好放线定位复核工作，确保楼梯位置与图纸设计位置相符；

混凝土浇筑前将施工缝处凿毛并清理干净，清理模板内灰尘及垃圾；

混凝土浇筑过程中，需从下往上依次揭开透气孔进行振捣，不得从下一直往上浇筑不使用振捣孔；

拆模后应及时清理残留在钢楼梯模具上的混凝土浆，并及时涂刷脱模剂进行养护。拆除及清理过程中禁止采用铁锤重击，避免模具变形。

5.4 封闭式木模楼梯质量控制要点

封闭式楼梯在底部需预留建筑垃圾清理孔，方便模板内垃圾清理；

透气孔设置需与加固的木枋位置不重叠；

混凝土浇筑前将施工缝处凿毛并清理干净。

5.5 预制楼梯质量控制要点

严格执行预制楼梯的进行验收制度，检查预制楼梯的外观缺陷及空间尺寸是否满足规范及现场施工需求，不合格品及时进行修复或者更换；

楼梯休息平台处的预留连接钢筋在浇筑之前进行定位复核，休息平台的混凝土面层标高进行严格控制，确认无误后浇筑混凝土，混凝土浇筑完成后及时清理表面；

预制楼梯吊装完成之后及时复核标高，相邻的预制楼梯面层标高需调节一致；

楼梯缝隙灌浆过程中需封堵严密，避免漏浆。